CIHAF中国房地产“名人·名企·名盘”大奖

CIHAF中国住交会推出的中国房地产“三名”大奖（名人·名企·名盘），

是中国房地产行业首席荣誉，被公认为“中国地产的奥斯卡”！

包括王石、任志强、冯仑等近百名地产领袖人物，

包括万科、保利等数百家地产领袖企业，

包括星河湾、碧桂园、当代MOMA等近千个标杆楼盘都先后登上了“三名”的奖台。

“三名”评选用一个个鲜活而极具时代烙印的名字，

书写了一部生动的中国房地产《史记》，

记录了中国房地产的光荣与梦想！

GLORY AND DREAM

光荣与梦想

2010 CHINA REAL ESTATE 3-CIHAF-AWARDS COLLECTION

2010 CIHAF中国房地产（名人·名企·名盘）三名大奖

CIHAF中国住交会组委会　CIHAF中国房地产主流媒体联盟　编

南方日报出版社
NANFANG DAILY PRESS

2010 CIHAF中国房地产（名人·名企·名盘）三名大奖

2010CIHAF中国房地产“三名”大奖评审流程

CIHAF AWARDS
三名大奖
名人 · 名企 · 名盘

2010CIHAF中国房地产“三名”大奖遵循从区域到全国“层层遴选”的原则，即首先由CIHAF中国房地产主流媒体联盟在全国各区域启动当地推介活动，推介出代表当地最高水平的房地产企业、楼盘和优秀的人物；然后，再从中遴选更为优秀者参评2010中国住交会总评榜；中国住交会组委会将各地推介的企业、楼盘、人物进行网上公示；中国建筑领域德高望重的二十余位专家、学者，以及51家媒体的负责人，本着“公开、公平、公正”的原则，对各地优秀参选楼盘、企业、个人的资料进行严格审核，经过重重筛选，最终形成2010CIHAF中国房地产“三名”推介榜，并举行隆重颁奖典礼。

名企
CORPORATIONS

CONTENTS 目 录

名盘
LANDMARKS

名人

CELEBRITY

2010CIHAF中国房地产风云人物

2010CIHAF中国房地产新领军人物

CONTENTS 目 录

CONTENTS 目 录

特别大奖

SPECIAL AWARD

GLORY AND DREAM

2010 CHINA REAL ESTATE 3-CIHAF-AWARDS COLLECTION

名企

2010CIHAF中国房地产名企推介榜入围标准

1. 入围企业年度（2009年8月—2010年8月）的开发量在20万m^2以上，竣工量在10万m^2以上，销售额在5亿元人民币以上。

2. 具备5年以上房地产开发资历，综合实力排行当地房地产企业十强。

3. 连续两年的年成长性在15%以上。

4. 入围企业必须有较强的核心竞争力，有突出的企业文化和创新精神，开发的项目为当地明星楼盘。

5. 入围企业必须有品牌知名度、美誉度、号召力和影响力，企业在品牌塑造上有理论和实践上的创新。

6. 入围企业的推介为年度业绩推介，以往业绩不作为考核推介依据。

2010CIHAF中国房地产名企

2010 CIHAF CHINA CORPORATIONS

乌鲁木齐房产集团

URUMQI REAL ESTATE GROUP

乌鲁木齐房地产开发（集团）有限公司

乌鲁木齐房地产开发（集团）有限公司是2006年6月经乌鲁木齐市委、市政府批准，在原乌市房产局房屋经营公司等单位改制基础上重组成立的，是乌鲁木齐及新疆地区唯一一家国有独资大型房地产开发企业，注册资本为3.9亿元，资产总额为6.5亿元。

主要职能：负责国有直管公房的经营管理，承担低保及低收入弱势群体廉租房的责任，在确保国有资产保值增值的情况下进行房地产开发。

主要从事国有直管公房的经营管理、维修改造、房地产经营、房屋拆迁和物业管理等工作。

集团公司作为国资委直属的资本运营机构，在市委、市政府、市国资委的统一领导下，积极参与棚户区改造和经济适用房开发建设，通过多种方式广泛吸纳社会资本，搭建投融资平台，在确保国有资产保值增值和良性运作的基础上，实现企业效益的最大化。

融亿房产

新疆融亿房地产开发有限公司

新疆融亿房地产开发有限公司位于乌鲁木齐市新市区铁路局，成立于2008年3月。公司秉承“客户第一”的理念，坚持“质量第一，诚信至上”的宗旨，恪守“创建精品，争创一流”的诚信经营理念。

风雨砥砺，融亿企业已成为新疆“品质地产”的倡导者和先行者。专注细节研发，注重项目全程管理，展现全新产品形态，点滴间铸就非凡。

古人云：“诚信犹五行之土，无定位，无成分，而水金木无不待它是以全身，若而人兮天一方，诚为衣兮信为裳！”融亿企业始终秉承“诚信至上”的发展宗旨，以最人性的建筑，让生活在这个建筑中的每个人，无论身处任何角落，都能感到舒适和体贴。看似不经意的细节背后却是融亿企业最人性的关怀，也是企业“以人为本，客户至上”经营理念的至高彰显。

企业旗下共有五个分公司，分别为融亿房地产开发有限公司、海盈房地产开发有限公司、融亿经济有限责任公司、物实精业物业公司、融美时代装修公司。同时，公司拥有一支高素质的、卓越的管理团队，全体员工团结拼搏、开拓进取。发展到目前，公司在房产市场以民生工程为主，致力于为老百姓推出物美价廉的住房，为党和国家的税收贡献一份薄力，为市委市政府排忧解难做出了一定的贡献。公司在市场激烈竞争中已站稳脚跟，在席卷全球的金融危机中寻找机遇，取得了良好的经济效益和社会效益，受到社会各界人士的好评。

企业旗下的新疆融亿海盈房地产开发有限公司，数年来始终专注开发系列城市优质产品，自创建以来，已开发了“颐园成功”、“城市花园”、“银城大厦”、“城市公寓”、“融亿海盈新城”等项目，一座比一座耀目，为首府居民精心打造居住领地。

规划改变城市面貌，这一点在日趋崛起的城市外环尤为明显。新规划区域作为一个城市的外扩增长点，成为城市整体运营发展的新生驱动。融亿房产以身作则积极参与到首府城市建设和发展的历史变革中，在米东新区的规划与建设宏图中，努力协同市委市政府促成一个新的城市高尚生活圈的全面崛起。

期间，为促进新农村建设，融亿房产开发了大量民生工程为乌鲁木齐的老百姓推出系列高品质平价住房，解决了大批量低收入人群的住房困难问题，得到了政府的肯定与社会各界的好评。

随着新疆经济社会的不断发展，房地产市场的逐步回暖，新疆融亿房产力争在未来的市场发展中，用诚信和质量来占领市场，一切以人为本，充分发挥自身的经营理念，创品牌，赢民心，提高服务水平。融亿人将以挑战当前的非凡魄力，开拓未来的前瞻目光，扬起领先地产行业的非凡旗帜！

2010CIHAF中国房地产名企
2010 CIHAF CHINA CORPORATIONS

BSG 百商

新疆百商投资集团有限公司

新疆百商投资集团有限公司是具有24年发展历史的大型民营企业集团，总资产20亿元。下设百商电线电缆有限公司、新粮物业管理有限公司、安徽百商电缆有限公司和安徽百商置业有限公司。公司自创立以来，以实业发展为基础，以稳健经营为风格，使“百商”成为新疆名牌。

百商以“百年诚信、商海创新”为企业理念，百商的领导以其不断创新的胆识，使企业不断得以提升。公司以优质的产品和优良的服务赢得了海内外众多用户的青睐和赞誉。

百商集团先后荣获国家六部委颁发的“中华诚信鼎”、“新疆30强民营企业”、“自治区重点支持30户民营企业”、“名优企业”、“十佳先进企业”、“文明单位”、“明星企业、“民营科技企业”、“AAA级信用企业”和“信贷诚信企业客户”等殊荣。

与时俱进、行业龙头

百商集团非常注重质量和管理体系的完善和提高，2001年通过ISO9001国际质量管理体系认证，2002年通过ISO9001国际质量管理体系认证年检，中国国家强制性产品安全认证（CCC）。2009年通过了ISO14000环境认证和ISO18000职业健康认证。百商线缆被授予“新疆名牌”、“新疆著名商标”、“中国著名品牌”、“质量跟踪产品 ”、“名优产品”等荣誉称号。

创新是企业发展的永恒主题。百商集团并不局限于生产经营，在企业快速发展的同时，开始向资本经营和品牌经营综合协调发展的方向前进。

回报社会、德行并重

百商集团致富不忘回报社会，乐善好施、德行并重。集团资助10名失学儿童，使他们重返校园；当目睹塔城托里县库普乡农牧民为人畜饮用水所困，集团领导向乌鲁木齐市政府积极主动请缨，与托里县库普乡结成帮扶对子，向其“输血造血”；汶川发生强烈地震，第一时间捐款捐物；面对冰雪灾害，组织运输车将整车整车的大米和棉被冒着严寒千里迢迢送往灾区，并慰问受灾群众……十几年来，集团先后向社会捐资捐物达1500余万元。一个个事例，一串串数字的背后是百商人不计付出，尽己所能回报社会的闪光心灵。

百商以高度的社会责任感对待下岗就业工作，积极响应党和政府的号召，努力争做安排就业典范，先后安排就业人员达300余人，安置下岗失业人员近1500名，被自治区党委、自治区人民政府授予“安排再就业先进企业”。

重视党建、关爱员工

百商十分重视在企业中发挥党组织、共青团和工会的作用，百商集团党组织连续7年被评为优秀基层党组织。党组织与公司董事会互相尊重、遇事协商、密切合作、相互支持，完善了企业内监督机制。

百商把工会建成了员工之家，工会组织自成立以来，充分发挥职工之家的作用，起到了组织员工、关心员工、培训员工和教育员工的作用，使员工对企业有了归属感。为丰富员工知识而创办的企业报，为活跃员工业余文化生活而举办的运动会、歌咏比赛、法律知识竞赛……等各种多姿多彩的职工文体活动层出不穷，充分丰富了各族职工的文化生活。

每逢节假日，百商集团领导总会关心每一位员工是否过上了一个温馨、祥和的假日，企业党工团的领导是否亲自走访慰问了企业的特困职工和先进个人，是否已把企业的关怀送到了员工家中。在百商我们经常听到员工感慨地说：百商让我们有了依靠，百商让我们找到了家。

眼光向外、做强做大

在2009年行业经济不景气的大环境下，百商积极响应自治区的号召，做出了“任务不上涨，工资不下降，共度危机，迎接辉煌”的企业发展规划。2006年落户合肥是百商集团迈向全国战略发展布局中非常重要的一步棋。百商在合肥投资开发，既带动地方经济的发展，促进了就业，又为百商集团公司经济实力的增强提供了发展空间，实现了双赢。

百商并不为已取得的辉煌所陶醉，而是高瞻远瞩，制定出了远景战略规划，进军高增值领域，实现多元化格局。同时面向内地和独联体等周边国家拓展，探索外向型经济和国际化市场道路，将百商作强作大，为新疆经济的发展作出贡献。

2010CIHAF中国房地产名企
2010 CIHAF CHINA CORPORATIONS

华中地产
HUAZHONG REALESTATE
专 注 国 宅 建 设

河北华中房地产开发有限公司

河北华中房地产开发有限公司成立于1996年，前身为保定长城古建园林工程有限公司。其承建的北京“明苑宾馆”，北京中山公园“杏花村”、“来今雨轩”，北京“蕙芳园”，北京“台湾饭店”，修复建设十三陵“昭陵大殿”等古典工程深受国家领导人及社会各界人士的好评；首席设计了迄今最大的世界经典建筑微缩景观北京“世界公园”，并承建了其中的莫斯科红场、瓦西里大教堂、美国科罗拉多大峡谷等微缩建筑景点，向游人展现了世界建筑美感；承建的北京“永丰花园”仿清四合院，北京丰台“森林公园”古建筑风格别墅，北京“华侨别墅区”，大连“银月湾”仿古别墅区、“江南园林区”等工程项目，再现了华夏建筑文化的精华。

经过27年的不断努力，河北华中房地产开发有限公司现已发展为集房产、地产、旅游资源、城市基础设施及配套设施开发，商品房营建、销售，住房智能化系统、设备生产销售等于一体的二级资质房地产开发企业。年开工面积50余万m^2，年均完成产值20亿元以上。拥有雄厚的开发实力，深厚的企业文化，优良的品牌效应，优秀的管理团队及科学严谨的管理机制。

华中开发的假日系列精品住宅，以其优秀的产品质量和深厚的人文内涵，受到社会各界人士的广泛好评，为保定市城市建设作出了积极的贡献。其中，假日花园被评为“河北省优秀住宅金奖”、保定市“优秀物业管理小区”、保定市首批“最安全居住小区”称号。假日山水园被评为“省级优秀园林绿化单位”。假日公馆、假日山水华庭、假日第一城被评为“最佳品质楼盘”“最具人气楼盘”“优质楼盘称心房”。假日雅典城获“十大魅力楼盘”“全球生态宜居国际社区”奖……2009年12月，华中房地产荣获2009第十一届CIHAF中国住交会“中国房地产名企”，赵建棠董事长荣获“中国房地产百杰”称号、保定“十大风尚人物”。

2009年，华中创新性地提出了新“国宅”理念，探讨把中国民居建筑优秀的文化特征为现代生活所延续，以展现“中国风，中国情”为主旨，将现代建筑理念与中国传统文化统一，将新技术、新材料、新工艺、新成果融入所开发的每一座住宅建筑，努力打造符合东方人居美学、弘扬中华文化、传承民族精神的住宅建筑。华中将以此为契机，全面提升企业品质、产品品质、服务品质，奉献更多、更符合国人居住理想的精品住宅。

2010年，华中重磅推出“国宅”系列开篇之作——国宅华园。国宅华园以“国宅心，和为贵”为核心内涵，打造“中华文化之宅、绿色科技之宅、人本品质之宅”，努力建造集文化、理想、科技、舒适为一身的现代高品质人文社区。华中国宅华园在河北省、保定地区产生了广泛的影响，并获得社会各界的一致认可，荣获“2010中华建筑奖・品质宜居金奖”。

华中在自身发展的同时，还热心公益事业，坚持回报社会。2005年筹办“华中杯·保定人书画展”，为保定籍书画艺术家在中国美术馆集体办展；2006年举办“华中杯·保定市风筝艺术节”，充分展示了保定这座运动名城的动感活力；2007年独家冠名中央电视台“2007民间寻宝记·走进保定”，展现了保定历史文化名城的魅力；2008年组织开展“华中问策”大型社会调查活动，深入市县，倾听百姓心声，了解住房需求；2008年5月，向四川地震灾区捐助现金577163元，同时发起“我们与爱同行”活动，亲送援助房到灾区，建立“爱心恒远”捐助金；2009年为庆祝新中国成立60周年，举办“华中杯·爱保定照保定”摄影大赛；2010年举办“华中杯·保定风韵”摄影大赛，提升古城的美誉度和名城文化品味，激发保定人民建设家乡的热情。

华中地产将始终坚持以“客户价值观”为企业的核心价值观，尊重客户需求、尊重客户价值，恪守“质量零缺陷、产品无瑕疵”的质量方针，为提升人居品质、美化城市环境、实现可持续发展不懈努力。

谦虚做人 用心做事

钰龙集团股份有限公司

钰龙集团是一家以房地产投资、开发与营销服务为主的大型企业集团，注册资本（实收资本）20000万元，其前身为1999年创立的武汉惠誉房地产开发有限公司。经过十余年的发展，钰龙集团已发展成为武汉市商业地产和住宅开发的龙头企业，其控股企业及关联子公司多达十余家。

目前，钰龙集团的具体经营范围涉及房地产投资开发与销售、物业服务、商业贸易、生态农业开发、投资咨询与管理等，旗下包括惠誉房地产股份有限公司、正安实业（武汉）有限公司、武汉英德置业有限公司、武汉信桥置业有限公司、湖北新海盛顿置业有限公司、武汉精英物业有限公司、湖北惠誉工贸有限公司、武汉惠誉经贸有限公司、湖北黄龙湖生态农业发展有限公司。钰龙集团拥有一支懂技术、会管理、善营销、能策划的高素质团队。集团内设行政人事管理中心、财务管理中心、合约造价管理中心、技术品质管理中心、营销策划管理中心、公共关系管理中心等管理机构。

钰龙集团掌门人喻惠平，中国注册房地产估价师、工业与民用建筑高级工程师、中国房地产十大风云人物、湖北经济十大风云人物、湖北省“十大杰出青年企业家”、武汉市“五一”劳动奖章获得者、武汉市人大代表、湖北省国际文化交流中心副理事长……从事房地产开发10余年，他和钰龙集团的股东近年来成功主持开发建设了“福星城市花园”、“金色华府”、“汉口春天”、“水岸星城”等武汉知名项目。

从操盘福星惠誉到如今掌舵钰龙集团，喻惠平带领着钰龙集团秉承着“谦虚做人，用心做事”的经营理念和“与您分享价值”的企业宗旨，先后开发了“钻石公寓”、“紫阳之星”等住宅项目。钰龙集团从社区规划、户型设计、景观设计、质量控制等方面全程着手，为居住者奉献出舒适度和性价比最高的产品，实现居住者舒适温馨的家居梦想。

2008年，地产市场风云再起，中央出台房地产新政，钰龙集团敏锐地嗅到了在新政之下的商业气息，凭借在住宅市场开发中积累的成功经验，钰龙集团果敢向商业地产进军：

2009年，浦发银行大厦在江汉区拔地而起，打破了武汉持续几年来鲜有高端商务空间的局面。该项目总建筑面积50000m^2；其中地上建筑面积38000m^2；项目建筑塔顶高度106米，在新华路区域有较强的昭示性。项目共计22层，1—3层为商业裙楼，层高7米，4—20层为写字楼，层高3.8米，21—22层为复式商务空间，层高6.8米。

2010年，一幢配置升级的综合商务写字楼广发银行大厦正在热火朝天的建设中，总建筑面积为84930m^2，其中地上建筑面积73085m^2，地下建筑面积11845m^2；地上47层，地下2层。项目建成后又将成为金融一条街上的商务新地标。

同时，位于建设大道与新华路交汇处的武汉国际金融广场这艘城市商业旗舰也即将起航，它将规划为集大型商业购物中心、超高层办公楼（五星级酒店）、高级公寓为一体的现代城市综合体。项目用地面积约2.61公顷，总建筑面积约180000m^2（不含地下建筑面积54000m^2），其中写字楼面积100000m^2，五星级酒店面积60000m^2，高端名品商场面积20000m^2。

如今，钰龙集团正逐步成为由单纯的住宅开发商成长为城市高端商业与住宅物业的综合运营商。

钰龙人将始终秉承着一份社会责任，为城市筑造高品质物业的同时，积极投身城市的发展建设，与城市同呼吸共命运，将企业发展与城市可持续发展联系在一起，在缔造一流品牌企业的征程上稳健迈进。

2010CIHAF中国房地产名企

2010 CIHAF CHINA CORPORATIONS

新锦江地产

Newjin-jiang Real Estate

重庆新锦江地产有限公司

重庆新锦江地产有限公司成立于2007年7月，是一家地产综合开发企业，注册资本人民币5000万元，具二级房地产开发经营资质。公司自成立以来，始终坚持走现代企业制度的管理模式，不断提高公司自身的管理能力，打造了一个上进、团结、并勇于开拓创新的企业团队；坚持以符合市场发展，走以市场为导向的创新经营发展思路，并围绕“创新为出路、开发为重点，质量为根本，服务为基础”的经营理念；紧跟市场、狠抓经营，强化管理，树立公司的发展责任感、增强市场危机感。力求通过不断观察房地产市场行情，不断探索与市场相适应的经营管理策略和经营方针，以提供优质产品为己任，成为专业化、现代化、品牌化的房地产开发企业。

在三年多的时间里，公司在成渝两地相继开发量达20万m^2。由公司开发建成的成都赛格数码通讯广场是中国西部规模最大的通讯数码主题型广场。地处成熟商圈-太升南路核心地段，北起童子街，沿太升南路至忠烈祠西街，三面临街，总建筑面积32946m^2，项目总投资3.5亿元，是成都乃至西南地区规模最佳、档次最高、功能最全、经营管理最完善的新一代通讯数码专业市场。成都赛格广场采用自主经营，六统一的管理运作模式——统一招商、统一推广、统一服务、统一物业管理、统一形象、统一规划。市场宗旨：将成都赛格数码通讯广场打造成为西南地区通讯行业规模最佳、档次最高、功能最全的批发中心、物流中心、信息中心、展示中心。

成都赛格数码通讯广场2008年被四川省工商授为“省级三化市场”的标杆，并在卖场设立工商监管三化市场“一室一中心”即工商监管三化市场政务管理办公室、经营信誉、消费维权中心。通过各项预警预案机制的完善建立，成都赛格数码通讯广场为广大商家和消费者提供了一个安全和谐的营销环境。目前一至四楼全部出租完毕，商家经营稳定，市场繁荣，人气居太升南路首位，卖场销量占太升南路总销量的30%，成都赛格广场的诚信度、美誉度已成为消费者放心消费的卖场，有效增加零售批发销量，巩固发展市场地位。

在成功开发经营成都赛格通讯广场后，公司随即启动了重庆锦江郦城项目的开发。锦江郦城地处重庆城市中心生活区老牌代言人加州片区腹地武陵路上，项目总建筑面积17万m^2，共有6栋高层，建筑整体采用现代简欧风格，外观大气时尚，整体布局上讲究空间交错，实现最大化楼间距，使得每栋楼都拥有更好的景观视野，并且均采用德国蒂森电梯配置的3梯8户设计，运用人车分流的道路系统，业主可由车库电梯直达室内；景观设计上，则运用休闲韵味浓重的东南亚风情园林，并精心打造休闲情调楼台亭榭，葱郁小径。在配套方面，设置有篮球场、乒乓球场还有儿童乐园等。

在规划项目时，公司坚持以该项目不可复制的成熟地段为依据，将楼盘打造成现代城市中心独特的高品宜居社区，并以新颖的设计、独特的造型、优美的环境，完美展示现代都市生活的新空间，为住户创造一个优美、安全、舒适、方便、文明的高品质住居。

锦江郦城项目自2010年8月中旬正式销售起，累计销量住宅商品建筑面积10万m^2，销售金额达6亿元，荣膺重庆市单月销售面积第三名，在重庆秋季房交会上获得最值得购买楼盘的称号，深得重庆市民的喜爱，也树立了公司在重庆市场的良好口碑。

成渝两地项目开发的成功，更坚定了公司走“筑造精品”的发展路线，以“追求卓越，务实发展”的经营宗旨，使公司成为中国西部中心城市中的精品地产开发企业佼佼者，并为社会做出更大的贡献。

東海集团
EAST-SEA GROUP
从细致走向卓越

重庆东海房地产开发（集团）有限公司

重庆东海房地产开发（集团）有限公司，是一家拥有一级开发资质的专业房地产企业，成立于1998年，注册资金壹亿元整，属重庆城市建设综合开发协会副会长单位。集团现有员工352名，大专以上学历占总体的90%以上。公司求真务实，诚信立业，秉承“从细致走向卓越”、“从规范化到规模化”、“守正出奇”的发展理念，以“城市公民品质生活供应商”为企业定位，以“创造最有价值的生活空间，促进社会居住文明的进步”为企业宗旨，致力于房地产业的发展与繁荣。经多年潜心探索，公司已建立起一套完整科学的管理体系和现代化的企业信息管理平台，成为实现企业稳健经营、科学管理、跨越发展经营理念的有力保障。2004年1月实现无纸化办公，2004年6月通过ISO9001质量管理认证。2004年以来，先后赢得由建设部颁发的中国房地产“金牌诚信企业”；2005年、2006年荣获重庆市房地产“诚信品牌企业”，2006年度全国“守合同重信用”单位，2007、2008、2009年重庆市“守合同重信用”企业，；第六届重庆市开发企业50强单位等光荣称号，2008年第五届中国房地产百强获“百强之星”称号，在2008上半年楼市中，东海地产两盘——东海岸和东海星洲创下总销售额7.18亿的骄人业绩，进入重庆楼市前十名，集团荣获2007、2008、2009年度南岸区房地产开发十强企业，2009年国家 “守合同重信用单位”。公司于2005年、2006年先后投资创办了“东海物业管理公司”、“东海汉辰房地产开发有限公司”等子公司，迄今为止，先后开发了“东海·金港湾”、“东海·金香庭”、“东海长洲”以及建设中的“东海岸”、“东海星洲”、“东海滨江城”、“东海阿特豪斯”、“东海·南泉美卢”等多个品牌项目。所开发的项目以其卓越的市场定位和突出的产品品质，赢得重庆市建筑质量协会全项目“优质结构”奖；重庆市建委“安全文明示范工地”奖；荣获2006年度市建筑质量工作年会唯一推荐样板工程等多项殊荣。在2006年度全市热销楼盘排行榜中名列第二。受到社会各界及广大业主的多方肯定与一致好评。出色的客户满意度，卓越的品牌美誉度，为东海地产进入“由规范化向规模化发展”的新阶段奠定了坚实的基础。紧随城市发展规划，整合企业战略资源，以高度的社会责任感积极参与城市运营。东海地产积数载之功，多年心力，确立了“服务城市、关怀人生”的企业品牌主张，形成了具有独特文化人格魅力的企业管理模式，造就了一支综合素质高、专业能力强、勤勉敬业、充满活力的管理团队。为社会大众倾力打造集产品、服务、文化于一体的品质生活，是东海地产永恒的企业追求和坚定的品牌使命。现正开发的东海·滨江城以“滨江生态人文住区”为产品定位，以“让一生美好度过”为产品文化追求，一举夺得“2009全国詹天佑大奖重庆优秀建筑设计奖”及“2009全国詹天佑大奖重庆优秀环境设计奖”两项大奖。东海阿特豪斯，座落于西城双山板块，用地面积约46688m^2，总建筑面积约22万m^2。八栋俊朗挺拔的高层住宅，悠然生长在公园与绿树间，以暖色调为主的建筑风情，精心点缀出建筑的卓然华贵气质，项目300米范围内破红狮公司、浪漫爱情公园、运动公园、诗情广场四大主题公园环抱，远眺主城最大的天然生态氧吧——1400亩的彩云湖公园，更有自身58000m^{2}葱郁的园林景观，交织出立体丰富的景观盛宴与绿色、生态、休闲的宜居氛围。阿特豪斯将是东海集团精耕十一载后，匠心打造的又一人居佳品。

行者常至，为者常成。行动是成就的起点，成就是行动的丰碑。东海地产仍将以滴水穿石的精神和海纳百川的气度，做合竞时代房地产业的市场完善者。博采众长，兼收并蓄，为改善人居环境效力，为大众民生造福。

2010CIHAF中国房地产名企
2010 CIHAF CHINA CORPORATIONS

Haier 海尔地产
用心营造幸福生活

青岛海尔地产集团有限公司

海尔集团，中国民族工业的骄傲，是全球第一大白色家电制造商。自2002年以来连续蝉联中国最具价值品牌榜首，2010年品牌价值为855.26亿元，品牌价值位居中国第一。海尔集团旗下拥有240余家法人单位，在全球30多个国家建立了本土化的企业，全球员工总数超过5万人，已发展成为大规模的跨国企业集团。

海尔地产成立于2002年，是海尔集团旗下专业从事房地产投资、开发和经营的全资法人单位，2009年底更名为“海尔地产集团”。公司秉承“创造资源，美誉全球”的海尔精神、“零缺陷、差异化、强黏度、双赢”的指导方针和“人单合一，速决速胜”的海尔作风，通过“创新产品、创造价值、创建系统”的战略途径，努力实现“夯实基础、集成创新，倍速崛起”的发展战略。

海尔是海，海纳百川。海尔地产聚焦五湖四海优秀人才；以海的博大胸怀与业界优秀企业合作；以海的创造精神打造“国家住宅产业化基地企业”、“海尔美好住居生活服务商”；以海的奉献精神为客户提供“美好家居生活整体解决方案”、“小户大家”和“和谐社区”；以海的胸襟筑建“家·国·天下”等巨擘楼盘以润泽国民；以海的能量实现“弯道超车、异军突起”之战略目标。

自2008年起，海尔地产在调整、改善和提高的基础上加快了发展。公司旗下现已拥有多家地产项目公司和一家物业管理公司。投资开发的地产项目起源于青岛，已先后拓展至济南、烟台、临沂、泰安、重庆、太原、天津、北京、西安、合肥、长沙、成都、沈阳、长春等十几座大中型城市，呈全国布局态势。目前公司正以更开阔的视野，以“用心营造幸福生活”为己任，积极参与国内多个地区的地产运营，将陆续开发一批新的投资项目。

2009年起海尔地产连续实现倍速发展，迅速跻身全国百强行列。2010年海尔地产位列“中国房地产百强企业第四十八位”、成长性TOP10第三名，荣获“2010年度中国地产鲁商领军企业”第一名，位居中国房地产品牌价值华北区域第二名。

海尔，一个世界一个家。

海尔地产，用心营造幸福生活。

厦门国贸地产有限公司

厦门国贸地产有限公司属厦门国贸集团股份有限公司全资子公司。自1987年成立以来，厦门国贸地产见证了厦门房地产市场的变迁和成熟，也在激烈的市场竞争下逐步形成和归纳了以“城市精品、城市山水和城市海景”为三大系列产品，并形成了“以优化户型为主的住宅产品创新和开发能力”为企业核心竞争力，致力于锻造高品质生活，引领新生活方式。国贸地产秉持“掌握关键，执稳持进，创领先风”的品牌核心价值观，成为中国一流的区域最有价值房地产企业。

1996年，厦门整体房地产市场正处低谷，市场竞争异常激烈。为增强企业和产品竞争力，国贸地产率先倡导“建精品、树品牌”发展目标，制定并开始实施“国贸地产产品品牌发展战略”和“国贸地产企业形象推广战略”。1997年，国贸地产充分整合该项目各种优势资源，加以有效的营销推广和直达传播，正式确定了“金钥匙”这一品牌标识，赋予其“金的品质、金的信誉、金的实力和金的尊贵”等品牌内涵，并最终提炼出“国贸地产、百炼成金”的主导性标识语，创厦门地产企业走品牌发展道路之先河，树项目品牌带动企业品牌之典范。2005年，“金钥匙”形象得到再一次的升华。新的金钥匙形象源于无穷大的符号，其中的小圆意味个人或企业，大圆则意味着个人身外的世界或企业所处的市场，只有将一小一大两个世界交融在一起，才能获得开启未来的无限可能。心无界，天地宽。掌握心灵的钥匙，开启无穷的世界。

国贸地产作为国有控股上市公司，在具备市场知名度的同时，更专注于住宅产品的开发，积极推广产品研发和优化工作，提供高品质住宅产品，引领先进住宅文化。从最初建设的福建省第一高楼国贸大厦，到以打造优质居住环境、引导先进居住理念的以“国贸”冠名的系列高尚居住小区国贸花园、国贸海景、国贸广场、国贸春天、国贸阳光、国贸蓝海、国贸金门湾等高品质项目，国贸地产将以优化户型为主的住宅产品的创新与开发能力作为企业的核心竞争力。这些精品力作无不沉淀着国贸地产人的智慧和汗水，国贸地产也由此成了厦门房地产开发的领军旗舰，并率先申请并获得厦门市著名商标的房地产开发企业。

在成功耕作了厦门市场之后，2007年起，国贸地产先后在合肥、芜湖、南昌等地取得储备土地，并成功运作了合肥天鹅湖1号等异地项目，实现了国贸地产的异地发展，并将国贸地产引领先进居住理念的心得传播到各项目所在地。

23年来，国贸地产成功开发了一批优秀的房地产项目，取得了一系列令人称羡的荣誉与良好口碑，培养和建立了一支专业配备齐全、技术管理水平较高的房地产开发建设队伍，更创立了以“金钥匙”为标志的国贸地产品牌系统，走上了“以品牌经营为核心，以人才、技术和资金实力为依据”的规模扩张和集约化经营之路。国贸地产人的精耕细作、品质创新的专业水平，国贸地产人锐意进取、争创第一的拼搏精神，使国贸地产成为厦门房地产行业的领跑者，区域性的核心竞争者，力争做中国一流的区域最有价值的地产企业。

2010CIHAF中国房地产名企

2010 CIHAF CHINA CORPORATIONS

康桥地产

KANGQIAO REAL ESTATE

郑州康桥房地产开发有限责任公司

康桥地产管理团队1996年开始涉足住宅、商业地产开发，在项目发展和土地储备、经营业绩、品牌塑造、资源整合等方面成效显著，建立了适应房地产市场发展需要的优秀团队、资本运作、企业文化、经营机制、品牌建设的运作体系，在市场研究、产品研发、规划设计、成本控制、营销推广、团队建设、流程再造等方面形成较强的竞争力。

公司树立了“自主互动无边界，学习创新无止境”的核心价值观，坚持诚信、开放、包容、执行、精细、高效、和谐的企业精神。始终坚守“品质生活倡导者”，聚集行业精英智慧，专注于大型城市综合体、高级酒店、高端写字楼和高端住宅的开发，从康桥花园、康桥华城、康桥上城品，到康桥溪山御府、康桥金域上郡，开盘一个，热销一个。

长城康桥花园小区始建于2002年6月，项目坐落于城东路与郑汴路交叉口的东面，紧邻货栈街，南靠凤凰路，占地将近100亩，规划建筑面积20万m^2。长城康桥花园是以住宅为主，公寓、写字楼、商业并存的混合型社区，目前已全部交付业主。区内建筑及景观由国际大师顾忠良先生设计，设计时注重小区的空间品质，在曲线规划的指引下，18栋建筑由南至北，由低到高，错落有致，建筑、景观、道路递次排布，形成了良好的通风和采光效果，在纵横交错中，建筑与景观交相辉映，艺术鉴赏性与实用性也达到了最完美的结合。小区内设有水景公园、休闲健身娱乐场所等，一系列的生活配套设施让居住在这里的每一位居民朋友都可以尽享美丽生活、精彩人生！

康桥华城项目，2005年2月通过招拍挂取得，1.35亿元土地出让金，每亩187万元，当时的郑州单价地王，该项目总建筑面积36万m^2，包含十栋标志性建筑群。长城康桥华城是集商业、酒店、写字楼、高层住宅为一体的大型城市建筑综合体。项目地处城市中心大学路陇海路成熟区域，数百年城市文化积淀，数百亿城市配套，不可复制。目前项目已全部交付业主，华城国际街聚人气更具财气，知名商业巨头丹尼斯、永乐电器等已开业两年多，华城国际中心入驻企业近五百家，我们创造了就业机会、更贡献了税收，一个新的区域商业中心正朝气蓬勃、日渐繁荣。

康桥上城品位于中原区陇海西路与华山路交汇处西200米，项目占地107亩，总建筑面积约20万m^2，为小高层、高层高档次品质住宅建筑。由澳大利亚贝尔曼设计事务所董事顾忠良先生主持整体建筑规划设计，香港泛亚负责景观国际设计，整体景观风格为地中海风格。一、二期已入住，三期即将交付。

2010年开篇巨作康桥金域上郡是康桥地产继康派系列城市作品之后，倾力打造的百万平方世界人居示范区，项目东起大学路，西至淮北街，南临淮河路，北接康桥华城与郑州大学为邻，雄踞城市中央，左右二七繁华中心，俯瞰郑州核心之地，领驭三大生态主题公园，尊享鼎盛中央繁华的万象包罗和顶级生活资源的全球汇聚。2010年8月首批开盘当日销售4亿元，超额实现预期目标，目前正有序开发中。

而作为康桥地产的品牌升级之作，康桥溪山御府项目坐拥金水河畔滨河公园，北接河南工业大学，东临景观大道嵩山路，集合了交通、教育、医疗、行政、金融、商业、休闲娱乐各项便利资源，近拾城市繁华，退则豁达隐逸，以百米高层的恢弘气势和奢享级的精致景观，在市府区打造一片有山水意境的城市华宅。2010年8月首批开盘当日劲售4.5亿元，并刷新西区房价最高纪录，基本实现预期目标，目前项目正稳步推进中。

康桥物业服务源于四星级饭店，更是秉承“业主至上、服务第一”的思想，选择了“市场化生存、精细化管理，专业化服务”的发展方向，以“源于星级、持续满意”为企业理念。正着力把管辖小区塑造成“和谐、欢乐、健康”的文化主题社区。

我们致力打造研发、管理、服务三大梦工场，以实现合适成本下的产品差异化竞争。在郑州我们是最早设立研发中心的房地产公司，具备最专业化的高端研发团队，已申请并实施20多项房地产开发专利，并采纳10多项新科技应用，以践行我们地产公司的终极人本关怀。我们遵循房地产开发价值链规则，落实科学管理观念，聚集行业内外精英智慧，以人为本，打造了高效、专业的管理团队。因应经济结构战略性调整，公司以客户需求为导向，完善服务体系，持续改进客户体验，锻造一流的客户服务文化，将专业化服务作为竞争的有效手段。

自2007年6月启动以来，我们主办了以“健康、财富、人文”为宗旨的系列公益活动，致力于携手国内外专家、名流共同打造高端交流平台，以回馈业主，回报社会，实践“让我们住得更好”的人居理想，推动建筑、自然和人类的和谐发展。第一届康桥论坛在郑州大学学习堂举办，力邀著名经济学家郎咸平教授就“企业战略突围”作专题报告。之后，康桥论坛先后邀请著名金融家夏保罗先生、著名教育专家周弘先生、“知心姐姐”卢勤女士、著名财经评论家水皮先生、国内史学名家王立群、知名作家张宇、国学大师钱逊、资深教育专家刘冰、国学大家钱文忠教授就投资、理财、教育、国学、世家文化等主题和中原各界人士进行了深度交流。

此外，我们亦践行企业的社会责任，主办了康桥健康节，为我们广大客户免费做体检，送健康咨询；在公司成长过程当中，自发主动要求承担社会义务，优先安排失业、待业及下岗职工，积极实施各项社会救助，为此企业设立了专项的社会救助资金，力所能及地做了慈善、赈灾救灾等工作；在项目开发中坚持低碳设计、无污染开发、绿色运营，力求做负责任的企业公民。

万恒地产
WANHENG REAL ESTATE

沈阳万恒鸿基房地产开发有限公司

万恒地产是时代万恒控股集团的子公司，总部坐落于大连，并在沈阳建立了区域总部。凭借国有企业“诚信为本”的社会责任感，以建筑城市未来为己任，用做百年企业的心态做项目，万恒地产于大连、沈阳两大一线城市注力精品开发，为城市提供经得起历史检验的优质住区。迄今开发面积已达100多万m^2。

1998—2010年，城市景观地产运营始终是万恒地产不变的开发核心理念，在万恒地产看来，景观是健康和舒适的象征，更是美、文化与思想的传承。相比于城市里单调的高楼大厦，不断进取的万恒地产，以精致、优越、舒适的景观理念，虔诚严谨的态度和精湛的造园工艺，满足消费者乃至整个城市不断进步的生活追求。卓筑绿色生态人居，为实现城市可持续化未来发展贡献自己最大的心力，让万恒地产不仅赢得了“景观地产运营商”的美誉，更以自己高人一筹的产品质量在业界竞争中一枝独秀。

2009年，万恒地产创市场之先提出了全成品展示的购房理念，终结居住的半成品状态，万恒地产深谙购房者购房需求，引领市场消费从期房到全成品的大跨步迈进，打破楼市长期以来期房销售的坚冰，让城市珍稀景观地产再添品质消费保障。

全成品展示是一种前瞻性的、对购房者具有切实利益的销售理念，它意味着楼盘销售时园区建筑、环境、物业服务、社区生活配套都能真真实实地摆在购房者的面前，买房时看得明白，签约时签得放心，消费者购房置业能更低风险，更能买到自己心仪的好房子。因此，尽管全成品展示对万恒地产的资金实力与企业执行力提出了更高的要求，万恒地产还是义无反顾地成为第一个吃“狼桃”的企业。

十一载景观地产运营，万恒地产城市人居造诣之深，环境之美令人钦佩。这个将提供城市最好的居住环境作为自己全部信念的地产企业，用踏踏实实的行动实现了自己的战略梦想，奠定了自己景观地产运经商的地位与价值。

时至今日，万恒地产旗下的品牌项目隆泉华庭、万恒·东方俪城、万恒·领域、万恒·愿景已经成为居住者口口相传的优质景观生活区，树立起大连、沈阳两大城市的高端人居标杆。

1999年，名动大连 [隆泉华庭]

作为万恒地产在大连的第一个代表项目，隆泉华庭以优异品质和唯美园林名动大连。精致海派下沉式园林，15000m^2中庭广场，每块河石均从本溪山间精挑而来，刻上每位业主名字，细节与用心引发空前轰动，被《女人不再沉默》等多部电视剧选为外景和内景拍摄地，屡获数项荣誉大奖。

2004年，拓疆沈阳 [万恒·东方俪城]

作为万恒地产挺进沈阳的开山之作，万恒·东方俪城已成为区域内规模超大、配套设施完善齐全、社区氛围成熟、生活情趣浓郁的大型集合式社区。3万平方米兰溪谷东南亚风情园林闻名遐迩，荣获“沈阳十大畅销楼盘”、“建设部健康生态住宅”、2009年度“广厦奖”等多项重量级大奖，成为地产行业优秀项目的代表。

2007年，旗帜沈阳 [万恒·领域]

2007年万恒·领域问世，首倡BOUTIQUE LIVING （精品生活进行时）理念，集粹城东特色圆弧建筑、手工精绣园林、原创入户花园、270度转角窗等多重特质，真正契合不断进步中的城市主流的生活需求，为东一环创造更多生活精彩。

2009年，院景沈阳 [万恒·愿景]

2009年，万恒地产推出全新景观力作万恒·愿景。东一环繁华最精华区，十二院落自然静地，50-120m^2庭院洋房、阔景高层，实现私家生态庭院、邻里组团庭院、公共坡地庭院形成三叠院落亲情空间。谨循自然的科学空间设计，南北双露台等独特设计，提升空间实用性、满足居家生态需求，亦兼顾居家隐私与邻里融洽，为居者定制接洽自然的完美生活。

2010CIHAF中国房地产名企

2010 CIHAF CHINA CORPORATIONS

兆泰置地

ZHAOTAI LAND

北京兆泰置地（集团）股份有限公司

企业价值观

兆泰置地将企业视为推动并影响城市发展的经济力量，亦将城市价值、城市规划与未来经济发展纳入到企业的长远发展目标与成绩考量中，以积极、全面、前瞻的发展观，构筑企业稳健并充满经济活力的发展平台。兆泰置地自1992年成立以来，始终以房地产开发为立足之本，以推动城市发展为己任，以创造美好生活为使命，配合地方政府，积极参与城市旧城拆迁改造、片区综合开发、核心区城市综合体开发等大型城市运营综合开发项目当中，历经近二十年的发展与壮大，如今已跻身中国房地产开发“第一集团”，成为具有房地产一级开发资质、总资产300多亿元，业务涵盖房地产开发、商业管理、物业管理、商贸代理、综合投资业务的大型综合集团企业。

发展观：不发展就是倒退

创新观：不创新就是落后

市场观：以销定产，专业化和主题化立市

产品观：实用+个性

【兆】：人民；百姓

【泰】：安定和平

锐意进取，追求卓越

兆泰置地秉承独特的发展理念，时刻把握市场脉络，不断创新和提高，为市场提供高效、优质的产品，始终致力于城市核心区高品质居住和商用物业的投资、开发与管理，在北京金融街、CBD、中关村等城市核心区树立起多个城市地标建筑和高品质物业，截至2009年底，公司累计开发总量已达到300余万m^2。同时，公司在多年的开发过程中，也逐渐形成了一整套从房地产前期开发到规划设计、施工管理、营销策划、商业管理及物业管理的先进、成熟的房地产开发体系。

勤奋 | 严密 | 诚信 | 高效

兆泰置地重视企业发展中的人本要素，既立足于以企业创造的经济效益回报社会，为繁荣稳定的城市创建更多有利于民的社会价值，亦重视对企业员工的人本关怀与精神塑造，以极具影响力与号召力的企业文化，促进各部门的协同发展，共同推动企业实现更高价值远景。

近二十年专业地产品牌，兆泰置地以打造城市核心区内高品质住宅和商用房产为目标，在企业的发展和成长中，受到业内及诸多媒体的关注并得到了大众的认可。

廣州百嘉信集團有限公司
PARAGON GROUP (Guangzhou) LIMITED

广州百嘉信集团有限公司

百嘉信集团始创于1994年，是一家以房地产开发投资为核心业务，集信息科技产业、资产经营和物业管理为一体的多元化企业集团，其房地产开发项目涵盖大型国际别墅社区、优质住宅屋苑、智能化写字楼、精品豪宅和大型商业购物中心；信息科技产业致力于以密码技术为核心的安全芯片的设计、开发及基于主动防御的信息安全体系研究，并获得国家密码定点生产和销售单位资质，其产品已广泛应用于政府、金融、大型国有企事业单位。

作为海归创业型企业，百嘉信集团融合和凝聚了一批务实、敬业的海归精英与本土化人才，始终坚持“专业·创新”的开发理念，经过十余载的努力，厚积薄发，以卓越成就，跻身于大型综合房地产发展商的行列，成为地产实力名企的代表，并连续多年获得“中国房地产百强之星”、“广州市民营企业百强”、“CIHAF中国房地产名企”、“广东地产资信20强”等多项殊荣。

多年来，百嘉信集团矢志不渝地执著于高品质物业的开发，不断为顾客创建高品质、高附加值的物业，推动现代建筑与优质人居的发展。百嘉信集团秉承“建筑经典，信达天下”的发展理念，以源源不断的产品创新能力，满足市场和消费者的真正需要。到目前为止，百嘉信已成功打造一系列人居环境和谐的精品楼盘和社区，实现了人们追求美好家居的梦想，推动了城市生活水平的进步。

在住宅开发领域，百嘉信地产始终坚持“专业·创新”的开发理念，与国际一流设计公司紧密合作，强强联合，以市场为导向，以销售为中心，以工程为重点，开发建设总面积达数百万平方米，旗下多个精品楼盘均获得良好的市场口碑，多次获评“中国名盘”、“中国生态示范社区”、“广东十大明星楼盘”等多项殊荣，被誉为“城市精品开发商”。目前，百嘉信地产住宅板块在保持以广州为核心区域的优质地产品牌基础上，正在布局全国，不断发展。

在商业地产领域，百嘉信投资在建的太阳新天地购物中心位于广州珠江新城交通枢纽，直接辐射珠江三角洲，是广州珠江新城唯一的单体大型购物中心。太阳新天地将打造成为广州最顶级的高端时尚购物中心，并将在不久的将来成为广州向世界展示高端商业形象的窗口。太阳新天地凭借卓越的规划设计获评“中国商业设计国际大奖”，凭借优秀的商业环境和市场前景被评为“2008年CIHAF中国最具投资价值商用物业”、“2009中国（广州）城市商业地标”等多项殊荣。

百嘉信集团在发挥自身专业优势的同时，继续开拓更具创新的精品项目，致力于为社会创造高雅、和谐、温馨的理想生活工作空间，为城市建设和人居环境留下优秀的建筑作品。

在企业蓬勃发展的同时，百嘉信集团积极投身社会公益事业，慈善捐赠遍及环保、文教、赈灾、治安、民政等多个领域，曾获得“抗震救灾博爱奉献奖”、“湖南慈善奖”、“第二届优秀中国特色社会主义事业建设者”、“最受尊敬地产企业”等多个荣誉。百嘉信集团以“和谐”为企业哲学核心，融合海归精英与本土化人才，追求团队与企业共同发展，追求竞争与合作的和谐共赢，广大员工在工作中不断超越自我，团结协作，茁壮成长，成为企业可持续发展的坚实基础。展望未来，百嘉信集团将与时俱进，全面发展，实现更高远的发展目标。

景瑞地产

上海景瑞地产（集团）股份有限公司

上海景瑞地产（集团）股份有限公司成立于1993年，拥有17年专业房地产开发经验，并一直秉持“永远诚信、恪守专业、锐意进取、共赢未来”的核心价值观和“舒适之道”的企业使命。

景瑞地产，源自上海，并以上海为本部深耕长三角经济圈，逐步实现全国拓展布局。作为一家从地产开发延伸至物业管理的全国化品牌地产企业，景瑞地产多次获得“中国房地产百强”、“中国房地产百强运营效率TOP10”等荣誉。截至2010年11月，公司已在上海、苏州（太仓）、舟山、常州、湖州、天津、重庆、泰州、南通等9个城市同时开发15个项目。

17年来，景瑞坚持前瞻的设想和实践，不断积淀和融汇新兴的建筑思潮与技术手段，持续提升产品价值，在上海、天津、重庆、江苏、浙江等一座又一座城市打造出一个又一个地标式精品。上海景瑞・花园城、景瑞・嘉城、景瑞・徐汇新城、景瑞・美兰湖岭域，浙江景瑞・豪布斯卡、景瑞・西西那堤，江苏景瑞・曦城、景瑞・荣御蓝湾、景瑞・翡翠湾、景瑞18号，重庆景瑞・蓝溪谷地，天津景瑞・阳光尚城、景瑞・英郡等项目都以优雅舒适的姿态树立着当地的人居标杆。

2009年9月，景瑞地产首次对外发布“深耕三线，产品领先”这一最新企业发展战略。在这一企业战略指导下，景瑞地产将围绕“舒适之道”这一企业理念，通过集团高效管控模式，持续提升景瑞产品和服务品质，赋予景瑞地产更强大的市场竞争力及企业风险防御能力。同时，这一战略也将促使景瑞地产为长三角区域内更多的新兴城市提供舒适的居住环境，并积极推动长三角区域的城市群发展进程。同时，景瑞地产明确了企业使命愿景，并坚定了战略定位，即成为“打造高性价比领先产品的全国性中端专业住宅供应商”。

从企业区域布局来看，景瑞坚持先聚焦深耕，再扩张发展。近期深耕长三角，远期实现2+2全国布局策略，并坚持近期巩固上海，积极进入三线城市这一城市拓展策略。

在产品策略方面，景瑞提出不走成本领先的性价比路线，而强调以领先的标准产品系列打动客户，同时配置有竞争力的价格，来吸引目标客户。通过对细分客户的深入研究和区域城市的市场趋势预测，公司最终把目标客群聚焦在两类人群：一线城市小康年轻家庭、小康小太阳家庭，及三线城市：富裕年轻家庭、富裕小太阳家庭。

景瑞历来注重客户研究和产品创新，坚持以客户为先，以产品取胜。产品研发部的建立，使景瑞得以更深入地了解客户需求，形成有竞争力的产品和解决方案，并通过专项课题的研发，辅助项目开发。展望未来住宅形态的发展趋势，景瑞的住宅设计将更体现出“以人为本”的居住理念。景瑞产品研发部，也将不断探索客户的需求和未来住宅发展的潮流，以客户为中心构建完善的产品体系。在产品线风格打造方面，景瑞通过总结之前项目成功经验，并结合目标客群需求分析，已逐步形成地中海风格、现代英式风格及以芝加哥学派为代表的现代风格等三条产品风格系列，并着力打造资源性高层、创新叠加这两类创新型技术产品。

景瑞坚信，成功的企业，必定是兼顾利润和社会责任的。因此景瑞从不片面地追求企业利润最大化，而是始终把为千家万户构筑舒适家园作为自己的使命，以履行社会责任为前提，为客户提供优质的产品和服务。

优秀的专业团队，快速高效的决策体系，以及国际化的合作伙伴，使景瑞正处于高速发展阶段。如今，公司新一轮的超常规发展计划也正在酝酿中，景瑞将持续坚定地以“实践客户期望”为事业，矢志不渝地成为“价值卓越的住宅供应商”。

2010CIHAF中国房地产名企
2010 CIHAF CHINA CORPORATIONS

金地集团
Gemdale 科 学 筑 家

金地（集团）股份有限公司

金地集团坚守“科学筑家”的使命，在企业经营中体现“专业之道，惟精惟一”的特质，已经成为地产行业内极富特色与竞争力的全国化品牌公司。

金地集团初创于1988年，1993年开始正式经营房地产。2001年4月，金地（集团）股份有限公司在上海证券交易所正式挂牌上市。截至2009年底，金地集团已拥有多家控股子公司，总资产555亿元，净资产168亿元，2009年全年更是实现211亿元的销售规模，同比增长85%，同时实现了17.8亿元的权益净利润，同比增长112%。而从上市至今，公司的总资产规模增长了24倍，营业收入增长了18倍，净利润增长16倍，上缴利税增长了21倍，已跻身中国上市房地产公司综合实力前三强。

目前，金地集团已经建立以上海、深圳、北京、沈阳为中心的华东、华南、华北的区域扩张战略格局，并已成功进入武汉、西安、沈阳市场，目前已布局全国18个城市，已开发完成的深圳金地·金海湾花园、深圳金地·香蜜山、深圳金地·梅陇镇、北京金地·格林小镇、北京金地·国际花园、上海金地·未来域、上海金地·格林郡、武汉金地·格林小城、西安金地·尚林苑、沈阳金地·国际花园等项目，不仅取得了骄人的销售业绩，更因产品创新和产品品质获得各类专业奖项，产品品牌赢得市场认同。

作为房地产业的领军企业，金地也开创了房地产领域多个第一，金地是房地产解禁后第一批上市的企业，是第一批成功进行异地开发的企业，也是最早进行房地产金融领域探索的企业，金地与瑞银（环球资产管理）合作发起的房地产基金第一期首次募集已于2010年正式完成，这也是中国大陆第一个由开发商成功发起和募集的外资房地产投资基金。

而历经二十余年探索和实践，金地集团现已发展成为一个以房地产开发为主营业务的上市公司，同时也是中国建设系统企业信誉AAA单位、房地产开发企业国家一级资质单位。在企业规模业绩的基础上，金地品牌不断提升，公司连续七年跻身中国房地产上市公司十强行列，连续六年荣获“蓝筹地产”殊荣。2009年，金地集团还获得“最具社会责任董事会”称号，并获得“2009中国房地产年度最佳运营商”、“最具投资价值企业”、“企业社会责任最佳实践企业”等奖项。

在“做中国最有价值的国际化地产企业”的愿景指引下，金地将不断开拓新的里程。

卓越集团
Excellence Group

卓越集团

卓越集团是经过国家工商总局核准成立的跨行业、跨地区的外商投资集团公司，正式成立于1996年，主要从事房地产开发、物业管理、不动产担保等业务。集团总部位于深圳市福田中心区。经十余年发展，卓越集团已成长为立足深圳，在中国具有领先地位的大型商业及住宅综合性地产开发集团，连续七年被中国指数研究院评比为中国房地产百强企业。

目前，卓越集团已经形成了商务和住宅物业并举的业务开发模式，藉CBD商务标杆和城市人居引领者定位，有效抵御风险，在一线及高GDP高增长城市不断推出商务和住宅系列产品，目前为深圳CBD商务开发规模最大的企业。截至2009年9月，集团已开发房地产面积180万m^2，现有总资产约130亿港元。

旗下商务产品涵盖高档写字楼、酒店、商场、商务公寓等多种产品类型，住宅产品囊括别墅、联排别墅、花园洋房、高层等多种产品。已开发的成熟产品线有：以卓越·时代广场为代表的卓越商务系列、以卓越·蔚蓝海岸为代表的卓越蔚蓝系列，以卓越·维港为代表的卓越城市上居系列、以卓越·浅水湾为代表的卓越城市豪宅系列等产品线。其中，卓越商务地产系列是“中国房地产CBD商务地产专业领先品牌”，蔚蓝海岸系列是“中国房地产项目品牌价值TOP10”，旗下产品多次荣获国际国内大奖。

2005年，卓越集团制定“3＋2＋X”全国战略发展规划，锁定珠三角、长三角、环渤海三大经济圈作为重点区域，优先进入一线城市，并辐射周边有潜力的二线城市，时机适当时，布局中部、西部的重点潜力城市。卓越集团品牌理念倡导“构筑价值的艺术”，致力于为投资者、客户、员工和合作伙伴提供更丰厚的价值回报和更鲜明的品牌个性。

目前，卓越集团成立了深圳、上海、广州、杭州、武汉、长沙、重庆、青岛、东莞等子公司，土地储备超过1200万m^2。同时，卓越集团还为旗下所有物业提供优质的卓越物业服务，形成了卓越商务“金钥匙”、卓越住宅“英式管家”、卓越住宅“五心服务”等服务模式，为其所有客户提供了优质有保障的后续服务。

SINCE 2001
BAOYU
选择宝宇·幸福一生
宝宇

黑龙江宝宇房地产开发有限责任公司

十年宝宇，一路辉煌。自2001年成立以来，宝宇集团就与哈尔滨这座城市的生活方式结下了不解之缘，并一直引领着这座城市的行业发展。

历经十年探索和实践，宝宇集团现已发展成为一个以房地产开发为主营业务的多元化集团，旗下有房地产开发、建设、规划设计、装饰设计、防水工程、电力工程、商业管理、物业服务、餐饮、旅游度假、健身休闲等14家分公司。

2001年，黑龙江宝宇房地产开发有限责任公司成立。

同年，哈尔滨宝宇建筑安装工程有限公司、黑龙江宝宇电力工程有限公司成立。

2003年，哈尔滨宝宇物业管理有限公司成立。

2004年，黑龙江龙宇建筑装饰工程有限责任公司、宝宇经贸公司成立。

2006年，宝宇集团下属子公司哈尔滨宝宇德润房地产投资顾问有限公司成立；凯旋城商业发展管理有限公司成立。

同年，黑龙江立都时尚餐饮有限公司成立，宝宇集团正式进军哈市餐饮业。

2009年，黑龙江宝宇矿业投资有限公司成立。

2010年，黑龙江宝宇健身俱乐部管理有限公司、黑龙江宝宇旅行社有限公司成立。

从“通达世家”、“铂宫”、“凯旋城”、“荣耀上城”到“荣耀天地”项目，一路走来，宝宇项目的成功运作缔造了优异的企业品牌和市场美誉度，创造了一次又一次哈尔滨市地产开发的商界传奇。

宝宇集团坚持以诚信理念经营发展，赢得了社会各方面的认可。企业成立以来，先后荣获了“诚信中国典范企业”、“中国优秀企业”、“全国诚信建设示范单位”、“中国建设系统信用商誉AAA级单位”、“中国社会责任感优秀企业”、“龙江‘第一地产’十大龙头企业”、“2009中国品牌地产百强企业”、“中国地产风尚大奖之2010中国最具影响力地产企业”、“中国房地产行业500强企业”等重大奖项。

作为拥有一千余名员工的大型房地产开发集团，宝宇在重视自身发展的同时，把回报社会作为义不容辞的责任。近年来，公司累计为社会公益事业捐助3000余万元，并积极参与建设社会主义新农村工作。捐款300万元支持呼兰区护路村建设旅游绿色农产品生态园；四川汶川5.12大地震，捐款120余万元；2009年伊春发生特大森林火灾，捐款50万元；2010年玉树地区发生地震后，捐款50万元。同时，宝宇集团连续多年投身文化建设事业，作为“哈尔滨之夏音乐会”的主要赞助商之一，成功举办了多场音乐盛会，广受冰城各界好评。自2005年起，宝宇公司作为上缴利税大户，累计缴税2亿余元，连年被评为哈市民营企业、非公有制企业纳税50强。

作为企业领导人，龚保民董事长因其坚持科学发展企业的正确理念和卓越社会贡献，当选为哈尔滨市人大代表，并担任黑龙江省工商联房地产商会副会长等职务，荣获“企业经营管理特殊贡献人才奖”、“诚信中国典范人物”、“ 全国优秀诚信企业家”、“ 中国优秀企业家”、“中国社会责任感优秀企业家”、“黑龙江十大经济风云人物”、“2009感动伊春年度人物”、“2009CIHAF中国房地产百杰”等殊荣。

十年宝宇，百年哈尔滨，在“做中国最有价值的地产综合型企业集团”的愿景指引下，宝宇人将不断开拓新的里程，我们一直在路上。

伊泰華府

内蒙古伊泰置业有限公司

内蒙古伊泰置业有限责任公司是内蒙古伊泰集团旗下专业从事房地产投资、开发和经营的企业，成立于2006年5月9日，注册资本5亿元，现有总资产56.87亿元。伊泰置业自成立以来，公司恪守质量、品牌、效益的经营理念，秉承伊泰文化，坚持客户为尊，创伊泰地产品牌。

四年来，伊泰置业共运作项目19个，开发面积400多万m^2，预计销售收入约400亿元。始终以“高起点规划、高水平设计、高质量施工、高标准管理”的企业经营定位，开发项目从鄂尔多斯起步，逐步拓展到呼和浩特、成都、海口、北京等大中型城市。目前，已建成的公寓、写字楼、商业项目，在质量、售后服务等方面得到业主的广泛认可和好评，品牌效应在楼盘销售中尤为凸显，为展现伊泰置业卓越的品牌形象奠定了坚实的基础。

依托伊泰集团、品牌、资金，伊泰置业全体员工将精诚协作，深入理解房地产价值链的内涵，为企业未来的管理进行深入的思考和系统的构建，以“构建完美品质， 铸造美好生活”的产品态度，追求“规范化、专业化、精细化、创新化”的管理，倾力打造国内一流的卓越地产企业，为国家和区域经济做出更大的贡献。

泛海建设
OCEANWIDE ESTATE

泛海建设集团

泛海建设集团股份有限公司（以下简称泛海建设集团）成立于1989年，为上市公众公司，在深圳证券交易所挂牌交易的股票简称“泛海建设”，股票代码“000046”，是房地产综合开发一级资质企业，经营范围包括：承办国内外投资开发项目，经营房地产业务及物业管理；投资兴办实业（具体项目另行申报）；资产管理；建筑设备、建筑装饰材料的购销。

泛海建设集团注册地深圳市福田区福华一路深圳国际商会大厦A座十六楼，办公地点北京市朝阳区建国门外大街赛特大厦十五层，法定代表人、实际控制人卢志强先生。卢志强先生为全国政协常委、全国工商联副主席、中国泛海控股集团有限公司党委书记、董事长兼总裁、泛海建设集团董事长。泛海建设集团控股股东中国泛海控股集团有限公司主要从事金融、房地产、能源、实业投资，是国内大型民营企业。多年来中国泛海秉承“得益于社会，奉献于社会”的企业价值观，积极履行社会责任，从事社会慈善公益事业，在资助建设希望小学、帮危扶贫、各种救灾、支持科技文化事业发展等方面累计捐赠10多亿元。

泛海建设集团控股子公司15家，包括武汉王家墩中央商务区建设投资股份有限公司、通海建设有限公司、浙江泛海建设投资有限公司、北京泛海信华置业有限公司、北京泛海东风置业有限公司、北京星火房地产开发有限责任公司、深圳市光彩置业有限公司、北京光彩置业有限公司、深圳市泛海三江电子有限公司、泛海物业管理有限公司、泛海建设集团青岛有限公司、山西泛海建设投资有限公司、北京山海天物资贸易有限公司、北京大兴经济开发区建设投资有限公司、大连泛海建设投资有限公司。经过十多年的努力，已发展为具备相当规模和实力的上市公司，截至2009年12月底，泛海建设集团经审计总资产达227亿元，净资产达84亿元，连续10年被深圳市工商局评为“重合同守信用企业”，获广东省工商行政管理局及国家工商行政管理局颁发的“连续10年重合同守信用企业”称号。

泛海建设集团开发的项目主要分布在北京、深圳、武汉、上海、杭州、青岛等中心城市，项目储备超过700万m^2。已投资兴建的项目有北京泛海国际居住区一期、北京光彩国际公寓、北京民生金融中心（A座）、深圳荟芳园高层小区、深圳太子山庄小区、深圳光彩新世纪家园、深圳光彩新天地公寓、深圳泛海拉菲花园一期、青岛泛海名人广场一期公寓等。正在开发的主要项目有北京泛海国际居住区二期、武汉王家墩中央商务区项目、杭州泛海城市广场、上海董家渡项目、深圳泛海拉菲花园二期、青岛泛海购物中心项目等，其中武汉王家墩中央商务区项目规模宏大，规划有商住公寓、写字楼、酒店、商业中心等，建筑面积达609万m^2，武汉项目的开发建设将是泛海建设集团未来主要的盈利增长点。

展望未来，泛海建设集团将继续秉持“敬业、守信、忠诚、奉献、开拓、创新、立志、图强”的企业精神，遵循“绿色物业 精品工程 守法自律 诚信创新”的管理方针，不断优化产业结构，拓展投资领域，努力建设成为中国一流的、知名的、有一定影响力、有一定社会贡献的房地产上市公司。

2010CIHAF中国房地产名企
2010 CIHAF CHINA CORPORATIONS

JINKE 金科地产
做 好 每 个 细 节

金科集团

金科集团成立于1998年，历经12年发展，已经成为一家以房地产开发为主业，以五星级酒店、园林、门窗及物业管理等为辅业的大型企业集团，具有国家一级房地产开发资质，总资产300亿元。在北京、重庆、湖南、苏州、无锡、江阴、成都等10多个城市和地区进行房地产开发，全国在建项目30个。目前，集团土地储备可建面积超过1000万m^2，公司重组上市已获得中国证监会通过。

肩负“建筑人居梦想”的崇高使命，秉承“做好每个细节”的公司理念，经过12年持续、稳健发展，金科已进入中国房地产企业第一阵营。2009年被国务院发展研究中心等权威机构评选为“中国地产品牌10强”，2010年排名中国房地产行业综合实力第19位，运营效率前3名，并被国家工商行政总局授予地产界仅有的10余家“中国驰名商标”。此外，金科被评定为“中国蓝筹地产企业”、“中国慈善突出贡献企业”、“中国房地产稳健性企业”全国第三、“影响世界的中国力量品牌500强”、“2008年中国住宅产品专业”全国第一、“2008年中国物业住宅服务质量”全国第一等世界和国家级至高荣誉。被国家和地方政府评为“重合同、守信用企业”、“AAA诚信开发企业”，年销售收入超过百亿元，目前已成为全国多个城市的诚信纳税大户，被多家权威金融单位授予3A信用等级。12年来，金科获得各类重大殊荣200多项，并向社会公益事业捐赠累计逾1.2亿元。

金科素以产品创新著称，获得国家知识产权局授予的“原创中国洋房”、“空中院馆”、“X+1夹层住宅”、“别墅级洋房”四项专利。拥有“花园洋房之父”、“中国民居文化旗手”、“中国住宅产品专家”的业界美誉。

胸怀“百年地产，中国榜样”远大理想，致力地产开发专业化道路，凭借产品创新、品质服务等核心竞争力，金科正稳步推进“依托大重庆，挺进长三角，开拓环渤海，扩大中西部，发展中等城市”的全国化发展战略，为进入“中国综合企业50强”的宏伟目标而不懈努力。

ANTAEUS GROUP
今 典 集 团

今典集团

今典集团是依托于房地产，横跨度假酒店、电影、文化艺术产业及慈善事业的多元化、多赢利模式大型企业集团，在地产、文化艺术等领域积淀深厚。

中国度假地产先锋

2008年以前，今典集团以住宅、商业地产开发为主，已在 4大省市， 开发10个地产项目，因坚持人文与商业的结合，而被誉为“文化地产”旗帜，旗下地产项目先后获得60多个国内国际建筑艺术大奖。

自2004年至2008年，今典集团逐步实现了向高端度假地产的全面转型，开创了全国连锁经营、可交换入住的“全生活度假酒店”自有品牌 ——“红树林系列度假酒店”，布局三亚、青岛、云南大理、广州从化、太湖区域等中国最稀缺旅游资源城市，以国际一线品牌酒店为标准，打造集度假酒店、商务会展、休闲娱乐、高端商业等综合一体的复合型度假地产产品，并融度假、投资、置业功能于一体，对提升城市功能与形象，带动经济结构转型具有积极意义。

红树林系列度假酒店

目前今典集团在三亚亚龙湾、海棠湾、三亚湾、青岛灵山湾开发建设的红树林系列度假酒店，规模与软硬件设施，均可与国际知名的米高梅、云顶、澳门威尼斯人酒店等相媲美。同时，还将今典集团在文化艺术方面的资源优势融入其中，如在三亚湾和青岛灵山湾项目中，均规划了大型电影主题会展中心及国际电影节标准颁奖影厅，使戛纳星光闪耀三亚、青岛。

2010CIHAF中国房地产名企
2010 CIHAF CHINA CORPORATIONS

绿城集团
GREENTOWN

绿城集团

绿城房地产集团有限公司（以下简称绿城），是国内知名的房地产企业之一，专注开发城市优质房产品系列，具有国家一级开发资质，总部设在浙江省杭州市。绿城注册成立于1995年1月6日。2006年7月13日，“绿城中国控股有限公司”在香港上市（股票代码：3900），绿城房地产集团有限公司为其全资子公司。

历经16年的发展，绿城已拥有90多家成员企业，3000多名员工，房地产开发足迹遍及浙江省内的杭州、宁波、温州、嘉兴、湖州、绍兴、金华、舟山、台州、丽水以及国内北京、上海、天津、合肥、长沙、济南、郑州、乌鲁木齐、南京、无锡、苏州、青岛、大连、海南陵水等40多个城市。至2010年9月底，公司土地储备总用地面积达2100多万m^2，规划总建筑面积达3600多万m^2。

绿城致力于高品质物业的开发，住宅产品类型不断丰富和完善，已形成以杭州桂花城、合肥桂花园为代表的多层公寓系列；以杭州绿园、杭州春江花月、杭州西溪诚园、上海黄浦湾为代表的高层公寓系列；以杭州桃花源、青山湖玫瑰园、上海玫瑰园为代表的别墅系列；以北京御园、杭州留庄为代表的平层官邸系列；以杭州翡翠城、济南全运村、青岛理想之城为代表的大型社区系列；以温州鹿城广场、杭州蓝色钱江为代表的城市综合体系列，同时涉及高星级酒店、写字楼、学校等公建项目的开发。自2005年起，绿城积极参与城中村改造，承建安置房建设，至2010年9月底，绿城承建的安置房项目总建筑面积已超过250万m^2。

至2010年，绿城已连续7年名列中国房地产公司品牌价值TOP10，连续6年名列中国房地产百强企业综合实力TOP10。2010年，绿城总品牌价值达80.08亿元，在混合所有制房地产企业中排名第二；2009年绿城实现合同销售额达513亿元，位列全国第二。

绿城定位“以商业模式运营的社会公益企业”，始终信奉“讲正义，走正道，得正果”的企业宗旨，秉承“真诚、善意、精致、完美”的核心价值观，以“为员工创造平台，为客户创造价值，为城市创造美丽，为社会创造财富”为企业使命，全面构建人文、历史、员工、工作、品质、服务、社会等价值体系，努力打造“中国最具完整价值的房地产公司”，致力于为社会创造文明、和谐、温馨、优雅的居住文化及人文环境，为城市和历史留下优秀的建筑作品。

富力地产
R&F PROPERTIES

富力地产

广州富力地产股份有限公司（香港联合交易所上市编号：2777）成立于1994年，注册资金8.06亿元人民币，集房地产设计、开发、工程监理、销售、物业管理、房地产中介等业务于一体，拥有国家建设部颁发的一级开发资质、甲级设计资质、甲级工程监理资质、一级物业管理资质及一级房地产中介资质，是中国综合实力最强的房地产企业之一。公司于2005年7月14日在香港联交所主板上市，为首家被纳入恒生中国企业指数的内地房地产企业，并荣登市值最高公司之一。自1994年成立以来，富力人倾尽心思与心血，从细节出绩效，终于赢得了客户的认同与赞赏。实力造就金牌品质，荣誉闪耀品牌辉煌，公司在2005年至2009年连续五年蝉联国家统计局评选及公布的中国房地产企业综合实力第一名。2008年10月11日，荣获国家税务局计划统计司权威发布的中国纳税百强排行榜房地产行业第一名。

“规划与时俱进，紧扣城市化建设”是富力多年来的拓展模式，成功的策略使富力的每一个项目都成为城市发展的坐标，极大提升了富力品牌影响力。至2009年，富力地产已全面进入广州、北京、上海、天津、西安、太原、成都、重庆、沈阳、海南、惠州11个核心城市和地区，建设开发的物业项目达百余个，完成开发面积超过1800万m^2，基本实现全国化战略布局。目前，富力地产拓展并形成了覆盖住宅社区、高端别墅、写字楼、酒店以及商业综合体等产品多元化发展格局，并成为商业地产的领跑者；旗下产品，涵盖客户在工作、生活、旅行、休闲等生命历程中的每一部分。

富力地产在成就与责任与日俱增的今天，站在企业公民的高度，不断关注民生，回馈社会。十多年来，公司各类慈善捐赠遍及文教、卫生、治安、敬老、扶贫等多个领域，累计1.8亿元人民币。

走过十余年稳健发展的富力地产，不仅有了更多元化、更为畅顺的融资渠道和一体化地产运营的管理模式，而且拥有更充足的土地储备和合理的布局，相信未来，富力地产在继续营造和谐社会的同时，更将迎来下一个收获之年。

奥特莱斯（中国）有限公司

一、公司背景

奥特莱斯（中国）有限公司的主要股东是中国基建集团有限公司（具有丰富的商业地产开发及运营经验）和首创置业股份有限公司（股票代码为02868.HK，股东包括北京首创集团有限公司——具有大型项目投资开发经验、投资领域广泛；新加坡政府投资集团——全球最大的商业地产及物流投资商，投资管理资产超过4000亿美元）。

主要运营商是由世界知名OUTLETS运营管理商英国FREEPORT、法国SCC及奥特莱斯（中国）联合投资成立的OOM， 具有独特的OUTLETS运营资源及优势。

二、运营团队

奥特莱斯（中国）建立了包括国际化的投融资平台，品牌供应渠道，规划设计平台，商业运营管理团队，并汇聚了全球的行业精英以及强大的开发管理团队。

林卓延　董事局主席及行政总裁

中国基建集团有限公司 董事局主席

中国商业联合会奥特莱斯分会 会长

具有二十多年企业经营管理及大型项目投资、运作经验，成功创办、经营近百家企业，行业广泛涉及金融、工业、基础设施、商业、地产、电子、IT、文化、体育、服务业等领域，对企业上市、重组、并购方面有较深造诣。在港澳及东南亚相关领域拥有很高声望，在国际资本市场运作方面颇有建树，拥有良好的国际社会资源。

刘晓光　董事

北京首创集团有限公司 总经理

首创置业股份有限公司 董事长

自1995年起担任首创集团副董事长及总经理职务。在任职首创集团之前，曾于北京市政府多个部门工作，包括曾任北京市发展计划委员会副主任及北京首都规划建设委员会副秘书长等。在金融、投资、房地产、经济理论及政策研究方面卓有建树。曾多次获得中国经济及企业管理类风云人物奖项，并荣获“2009中国房地产十大年度人物”。

万文英　奥特莱斯（中国）商业管理公司董事长

高级经济师，商业专家。从事商业运营及管理三十多年，积累了极为丰富的商业管理经验，被誉为“中国奥特莱斯鼻祖”，是中国引进奥特莱斯业态的第一人，也是中国第一家中外合资百货公司燕莎友谊商城的筹划者及总经理，同时兼任中国商业联合会副会长，一直致力于中国商业领域的研究发展，尤其是在零售业方面声誉卓著。

三、发展现状

奥特莱斯（中国）是新型现代商业产业和新型现代服务业综合运营商，专注于大中华区OUTLETS业态的研究、投资、开发及运营管理，创建以奥特莱斯名品折扣店为龙头的多种业态集群的新型现代化产业模式，通过商业集群效应形成多元业态于一体的强大产业链条，打造以奥特莱斯引领的城市新中心——“芭蕾雨”。

芭蕾雨创造性地提出了“3+X”复合功能模式，即在欧美模式的基础上，结合中国国情，将流行全球的奥特莱斯购物、世界级休闲商业集群、原味欧洲生活新都市进行融合，并根据地方特色，增加独特资源产业，例如高尔夫、游艇度假、温泉SPA等，多种业态深度融合，形成了一个全新的全生活、全价值的城市新中心。（3+X：3—奥特莱斯名品折扣店；综合现代商业集群；生态休闲住宅。X—地方特色资源产业）。

芭蕾雨由休闲度假购物特区、世界风情生活城、城市新中心三重功能组成，集购物、休闲、娱乐、餐饮、居住、旅游、度假等多种业态于一体，为城市引入真正同步全球的时尚生活方式。目前，芭蕾雨已成功落户广东佛山、浙江湖州、北京房山区及海南万宁。

作为新型现代商业产业和新型现代服务业综合运营商，奥特莱斯（中国）将充分发挥项目的聚集与辐射效应，以独特的商业业态的核心力量加快区域城乡一体化，提高城市化水平，增强城市服务功能，促进产业升级。

四、未来方向

未来，奥特莱斯（中国）将在全国展开四级推进：首先，将根据中国各省市、地区经济发展水平和总量的不同，计划未来在华南、华东、华中、华北、东北五大经济发达区域，投资兴建“奥特莱斯现代服务产业区”；其次，在直辖市及主要省会城市打造 “奥特莱斯现代服务产业区（园）”；第三，在大部分省会城市及重要地级市、风景旅游区打造“奥特莱斯风情小镇”及“度假购物村”。这些战略构想实现后，奥特莱斯（中国）势必将成为世界奥特莱斯产业的领航者。

北京金隅嘉业房地产开发有限公司
BEIJING GEM REAL ESTATE DEVELOPMENT CO.,LTD.

北京金隅嘉业房地产开发有限公司

北京金隅嘉业房地产开发有限公司始创于1987年，是北京金隅股份有限公司的全资子公司。经过20余年的开拓进取，公司已经发展成为全国领先的国家一级资质大型房地产开发企业。

金隅嘉业注册资本达20亿元，年开复工规模300多万m^2，年售房现金收入100亿元，总资产近150亿元，质量信誉AAA级、信用等级AAA级，是中国房地产百强企业、中国房地产诚信企业、北京地产十强企业。

公司立足北京，并成功拓展长三角、环渤海、内蒙古等区域，先后开发建设了各类房地产项目60多个，不但有金隅国际、金隅凤麟洲、金隅长安山麓、金隅CBD总部公寓、金隅丽港城等经典楼盘点缀北京（金隅国际、金隅山墅分获广厦奖，金隅・七零九零被列入国家康居示范工程），而且金隅观澜时代（杭州）、金隅悦城（天津）、金隅时代城（呼市）等也在当地形成了良好的品牌效应和口碑传播，二十多年来金隅嘉业开发总建筑规模超1000万m^2，形成了高、中、低多层次产品相互支撑、相互拱卫的新开发建设格局。

金隅嘉业始终致力于向“客户导向型”企业转变，并在“对建筑有贡献、对城市有贡献、对社会有贡献”的价值理念指引下，本着“为客户负责”的精神，专注于对客户需求的准确理解和潜在需求的深入挖掘，专注于建筑规划设计人文理念和生活品味的融入，专注于施工质量和园林环境营造的精益求精，并以客户满意作为衡量产品质量的唯一标准。企业的品牌美誉度和影响力得到进一步提升，2009年入选中国房地产品牌20强。

金隅嘉业始终肩负着强烈的社会责任感，多年来为营造北京和谐人居环境、建设“首善之都”做出了积极贡献。截至目前，政策性住房项目（两限房、经济适用房及廉租房）累计开工规模400多万m^2。2009年3月，由公司开发的金隅美和园成为了北京市首个交用的限价房项目，建设部部长姜伟新等有关领导多次前往项目考察调研并给予了高度评价；2010年8月13日，中共中央政治局常委、国务院副总理李克强视察金隅嘉业开发建设的金隅丽景园小区，对项目的建设品质和社区环境给予了充分肯定；2010年7月28日，位于石景山区的金隅燕堤名筑项目开工典礼隆重举行，刘淇、郭金龙等北京市委市政府领导参加了奠基仪式并对项目给予高度关注。金隅嘉业正以一贯的责任心，全力打造北京市又一个康居示范工程。

伴随市场经济全球化进程的加速，金隅嘉业面临着更多的机遇和挑战。公司将坚持可持续发展的原则，按照“依托集团、立足北京、拓展外埠”的方针，积极实施“走出去”战略，整合资源，拓展市场，努力打造核心竞争力，为实现一流开发企业的目标而不懈努力。

2010CIHAF中国房地产名企
2010 CIHAF CHINA CORPORATIONS

乌鲁木齐房产集团
URUMQI REAL ESTATE GROUP

BSG 百商

融亿房产

华中地产
HUAZHONG REALESTATE
专 注 国 宅 建 设

钰龍集團
YU LONG
精彦做人 用心做事

新锦江地产
Newjin-jiang Real Estate

東海集团
EAST-SEA GROUP
从细致走向卓越

Haier 海尔地产
用心营造幸福生活

ITG
国贸·地产
一把钥匙 一个世界
THE KEY THE WORLD

康桥地产
KANGQIAO REAL ESTATE

万恒地产
WANHENG REAL ESTATE

兆泰置地
ZHAOTAI LAND

景瑞地产

廣州百嘉信集團有限公司
PARAGON GROUP (Guangzhou) LIMITED

金地集团
Gemdale 科 学 筑 家

BAOYU
选择宝宇·幸福一生
宝宇

卓越集团
Excellence Group

伊泰華府

泛海建设
OCEANWIDE ESTATE

JINKE 金科地产
做 好 每 个 细 节

ANTAEUS GROUP
今 典 集 团

BBMG
北京金隅嘉业房地产开发有限公司
BEIJING GEM REAL ESTATE DEVELOPMENT CO.,LTD.

R&F 富力地产
R&F PROPERTIES

绿城集团
GREENTOWN

China Outlet

GLORY AND DREAM

2010 CHINA REAL ESTATE 3-CIHAF-AWARDS COLLECTION

2010CIHAF中国名盘

2010CIHAF中国房地产名盘推介榜入围标准

1. 参与推介的项目不限开发类别
2. 项目建筑面积在10万m^2以上，建设进度为结构封顶
3. 项目年度（2009年9月—2010年8月）的销售额不低于1亿元，销售率不低于50%
4. 项目的知名度、美誉度、号召力、影响力俱佳，是当地的明星楼盘
5. 项目的规划设计、建筑、环境、智能化等方面个性鲜明，产品具备创新特色；采用了多项新技术、新材料，符合国家建筑节能标准
6. 物业管理水平高，有独特的社区文化，公众口碑好
7. 符合建设部百家房地产企业“放心房”宣言的有关规定
8. 项目以年度业绩参与推介，以往业绩不作为考核推介依据

2010CIHAF CHINA REAL ESTATE LANDMARKS

中信城

北京中信房地产有限公司・北京

世界的每一个首都，都有着不同的历史传奇，却拥有同样的显赫地位，并以建筑形态，承载着上层精神。

中信城，一座隐于世界北京中央之地的大城，沿袭着皇家的雍容，向所在的城市娓娓道来，一宅一家国的传世人生。

【中信城・百万平米综合体・皇脉上缔建隐逸的传世人文大宅】

世界北京的都心，始终具有繁华与静谧的双重性格，正如紫禁城在护城河千里霓虹的护佑下幽静而怡然，以千年仍端庄的容颜，佐证着皇家地脉不离城心、世家门风不离文脉、御园盛景不离喧嚣、富贯隐逸不离繁华的人居理想，如此相得益彰的融合，才是真正的生活智慧。位居城市核心的“中信城”，或许是实现这样智慧生活的载体吧!

“中信城”地处骡马市大街与菜市口南大街相接的黄金板块，于内城享有弥足珍贵的一隅，以百万平方米的宏伟，擘画出高档住宅、酒店式服务公寓、超5星级酒店、5A甲级写字楼、约20万m^2的shopping mall及20座珍藏版四合院六种高端建筑形态，用“世界城市”的造城理念，奠定不可动摇的中央地位。

与天安门广场毗邻，与西单商圈亲密无间，与金融街咫尺之距，与新近落成的前门大栅栏景观文化街喜结连理，两广路及国际传媒大道扼守“中信城”左右，地铁4号线及规划中的7号线为“中信城”打通地下财富之门。明代《京师五城坊巷胡同集》中曾记载，这里有明朝遗留的胡同，印证了“中信城”所在之地，正是北京城的发祥地。而政府的规划，更是让这里成为金融带的一部分，集结高新技术、金融服务、文化创意三大主

导产业于一身，成为北京西南部的金融引领者。如此地脉通万物生之气场，实属难能可贵，其投资价值不言而喻！

事实上，在这片热土上曾留下明清许维祯，清同治年间军机大臣、协办大学士李鸿藻以及清末总理各国事务大臣孙毓汶等几代丞相为国为民的忠诚；也曾留下谭嗣同、康有为、林则徐、荀慧生等诸多历史名人的豪迈；文人政客热衷的南海会馆、新会会馆、湖南会馆等会馆也在此植根并涟漪生花。至今，叱咤风云的民族精英的聚居地仍有遗址的保留。或许是要沿袭这份人文底蕴，四晋二规划，更令“中信城”的教育资源丰盛，127所中小学辅佐周边，其中包括“四大名校”内的实验二小、北京小学及15所市级示范高中，平均每个街道有一所示范校，“北师大附中系”学校也将完整亮相。如此深厚的文脉，令皇城之外的财富阶层回归于此。“中信城”以灰色为主基调的建筑，传承着祖辈的智慧与风雅，令居住于此的财富阶层与下一代，能时时浸染于书香墨韵之中。

“中信城”立于居者视角造宅，于寸土寸金的城市核心，仍坚持高绿化率开发，在拥有整体规划的巨幅中央景观园景的同时，更有满眼的绿邑及园林小品。可贵的是“中信城”深度考量财富阶层的起居形态，融合现代审美品位，以116—134m^{2}的三居室为主，并配有58m^{2}一居、85m^{2}二居、219m^{2}四居诸多空间，为财富阶层开创进退有度的人文宅邸。

当然，从容绝不止于此，20万m^{2}SHOPPING MALL，拥有与西单同样的华彩，时尚名品街、休闲生活街、城市生活街、风情餐饮街……无不让未来入主的人们惬意而怡然。

毋庸置疑，“中信城”用城市运营理念及国际视野，在城市中央，一步步实践着财富阶层真实的隐逸传奇。

★中国名盘

2010CIHAF CHINA REAL ESTATE LANDMARKS

大奇山郡

杭州大奇山郡实业有限公司·杭州

作为世界级休闲运动综合体——大奇山郡，总占地2000余亩，是一个规模较大的综合型项目。大奇山郡以剪湖为中心景观轴，集运动休闲公园、星级度假酒店和绿色生态住区三大版块于一体，附以足球训练基地作为配套，是桐庐首个旅游地产概念项目。

大奇山郡所在的桐庐地脉，拥有诸如千年药祖圣地桐君山、严子陵钓台等丰富璀璨的人文故事、珍景奇闻。同时，大奇山郡所在的富春江南岸拥有更加生态、更加稀缺的大奇山国家森林公园的山水资源。多样化高端配套的综合体优势，以及便捷的交通（320国道、杭新景高速贯通城际）与杭州主城区无缝对接的地段优势，让大奇山郡大放异彩。

为契合项目整体的休闲运动主题，大奇山郡周边配备了占地156亩的足球基地，规划有室内训练馆、综合楼、标准足球场等。另外，还配备了户外篮球场、网球场及排球场等，丰富和充实了运动项目的内容。

沿湖而建的星级度假酒店，占地200亩，引领生态休闲度假酒店至尊标准，打造长三角范围内具备区域特色的高端主题性酒店，既符合杭州——千岛湖旅游黄金线的定位，也通过差异性定位提升了项目的核心竞争力。同时，酒店除依山傍水的优秀山水资源外，还规划了大、小会议厅及休闲配套设施，充分满足餐饮、娱乐、SPA、商务会议等多项现代度假生活需要。

北区运动休闲公园规划用地约1000亩，以乡村俱乐部为主，配合其他小型休闲项目进行设计，以国际标准建造的乡村俱乐部将满足杭州乃至长三角高端商务精英的休闲运动需求，与规划的高端度假酒店一起，将填补桐庐旅游休闲经济在高端商务配套方面的空白。

绿色生态住区占地约870亩，秉承“绿色、生态、环保”可持续发展的开发理念，住区单体沿湖分布，依山而建。同时，为保护原生态资源，坚持规划物业以低密度的双拼住宅和独栋住宅为主，实现经济效益和社会效益的双赢互动。

★中国名盘

2010CIHAF CHINA REAL ESTATE LANDMARKS

宋都·晨光国际

杭州宋都房地产集团有限公司·杭州

下沙，向来是外来知名开发商涉足杭城的第一步。龙湖等知名地产商都将进入杭州的首站放在了这里。2011年，作为杭州最早的老十八家房企之一，宋都集团也将启动沿江居住板块内的晨光国际项目。随着钱江新城CBD核心区的正式对外开放以及沿江大道的通车，作为钱江新城CBD后花园的杭州东部湾，已成为杭州城市向东发展的大势所趋，符合江湾高尚生活需求的新型生态居住区。

下沙新城，杭州城市东进的至高点

下沙新城是三大副城中交通最便捷、基础配套设施最完善、城区建设较现代的区块。下沙新城的交通是枢纽型的，绕城公路与沪杭甬高速公路复线在这里相交，使得下沙成为连接周边城市和区域的中转站。杭州主城与下沙间的交通四通八达，有多条快速型通道以及多条公交路线。

作为新世纪大学城和商贸区的花园式生态型城市副中心，随着城市东扩战略的拓进，杭州主城已形成了与下沙板块快速合拢的趋势，按照科学发展观的要求，着力实施从“建区”到“造城”的战略调整，未来新城的建成区面积将达到60平方公里，居住人口达到60万人，力争达到中等城市规模。

东部国际湾，步入成熟的沿江生态居住区

下沙新城东部国际湾沿江生态居住区是市政重点规划的沿江居住版块，又称“东部国际湾”，依托地铁一号线的辐射，加之沿江生态湿地和景观资源，规划将在沿江建成拥有15万人居住的公建配套完善、交通便利、生态环境良好的大型居住区。周边集结了地铁、沿江景观大道、学校、医院、超市、高端商业等交通和综合配套资源，生活十分便利。

此外，东部国际湾生态环境优越，如宋都·晨光国际项目所在的沿江居住带，距离钱塘江仅200余米，家门口即可尽享俯瞰潮汐的千米江岸线，沿钱塘江堤的2200亩“湿地公园”构成了住区外围近百米纵深的开阔景观带，沿江大道沿线城市景观绿化带也让回家道路美景不断。

名副其实的江景地铁大盘

交通是否便捷，无疑是一个楼盘的关键所在。晨光国际在交通网络上的优势不言而喻，楼盘与规划中的地铁1号线延伸段终点站仅约200米。

地铁不仅是一种畅捷的城市轨道交通，更是一座城市国际化的体现。纽约、巴黎、伦敦、东京、香港等这些国际大都市，均拥有四通八达的地铁网

络。集快速、安全、准时等诸多优势于一身的地铁，成为生活在这些大都市人们选择出行最多的交通工具，并成为人们生活的一部分。

另外，位于晨光国际南侧的沿江景观大道预计将于2011年底开通，届时直达钱江新城仅约18分钟车程。与此同时，沪杭甬高速公路、高铁、磁悬浮、江东大桥等四通八达的交通路网在此交织，不仅边界可以的到达主城区，而且能迅速抵达长三角各城市。

创新“叠”公馆户型　创造空间生长潜力

每个人都不想被生活所束缚，随心所欲地过自己想要的生活才是幸福的人。晨光国际一期的户型面积在90—138m²，在有限的空间内，打破局限，赠送大面积空间，将空间的可伸展性及利用率大大提高。

在户型的设计上，整体方正大气，动静合理，具有较高的得房率。除此之外，晨光国际的户型充分利用江景和园区美景，通过南北通透、多阳台或露台的精心打造，在家中即可吸纳阳光美景。

特别值得一提的是，在晨光国际所打造的户型系列中，90m²的“叠公馆”特别引人注目：一楼动态区，采光通风极佳，南向餐厨采用的是一体化设计；二楼为可变空间，即可设计成双卧室、书房，也可设计成双卧室房、衣帽间，动静分离，互不干扰。

杭城首席巴厘岛园林　演绎浪漫度假生活

在园林方面，晨光国际将打造杭州首个巴厘岛主题园林。整个园林采用巴厘岛风景的精华和东方园林布局，以“一湖二轴三组团”的规划设计展现浓郁的巴厘岛风情。

除此之外，宋都·晨光国际分别在园区东西两个组团，设置双高尔夫推杆练习场，开创杭州豪宅园区高尔夫果岭先河。

香溪·玫瑰园总占地近360亩，总建筑面积为10余万m^2，规划分四期开发，预计总投资额将近10亿元，是由浙江开源置业有限公司联合同济、绿城东方等顶级设计团队倾力打造的高端别墅社区。

项目位于“2007年中国十大宜居城市”金华市城南安地古镇，毗邻仙源湖旅游度假区。仙源湖旅游度假区素有“浙江第三湖”美称，拥有极其丰富的山、湖、林原生态资源。2.7平方公里优阔水域，6250万立方米充沛水量，12米平均水深，氧气负离子达到每立方厘米1000万个以上，风景秀美，地理位置得天独厚。距离金华市政府约15公里，从市区双龙南街经金安大道、仙源大道，约18分钟的车程直达，交通便捷。

香溪·玫瑰园一期采用法式经典洛可可风格。它的规划和建筑理念源自十六、十七世纪的欧洲庄园和法式宫廷建筑，其主要构思是：用典雅阔悦的建筑、丰富的林木、广阔的草地构筑起盛世庄园奢华的气度；用原生水系、湖泊、河流和自然栽植烘托出田园意象；严谨的结构比例、稳重的建筑符号和妍丽的建筑细节完美结合；极富装饰意味的小品、铺地、泳池等元素互为统一、相为呼应，震撼人心。香溪·玫瑰园既秉承了法国及其民族所特有的气质“感性且追求完美”，又有益地吸收了洛可可风格中高贵典雅的特点，同时最大程度地将自然环境与建筑以及人居三者完美的融合在一起。目前，香溪·玫瑰园项目主力户型面积为400m^2至600m^2（未包括地下室面积200m^2至400m^2）；私家花园面积则在400m^2至1200m^2之间不等。这里，生活与艺术可以自由转换，生活的艺术化造就了庄园的传世和不朽。

作为法国式生活艺术集大成者的法式庄园——香溪·玫瑰园，由浙江开源置业有限公司联合同济、绿城东方等顶级设计团队倾力打造，是一次国际建筑智慧的集合之作，亦是东方底蕴与西方美学的完美融合。豪宅营造专家浙江绿城东方担纲建筑设计，北京奇思哲景观设计事务所将国际级的庄园艺术发挥到极致，北京居其美业则将奢华的室内空间艺术表现得淋漓尽致，绿城物业的大管家服务艺术更带来前所未有的尊崇体验。

★中国名盘

2010CIHAF CHINA REAL ESTATE LANDMARKS

香溪·玫瑰园

浙江开源置业有限公司·金华

2010CIHAF CHINA REAL ESTATE LANDMARKS

隆昊·昊天园

合肥隆昊房地产投资有限公司·合肥

隆昊·昊天园位于合肥新站区北二环路上，紧邻合肥现代物流园区、庐阳产业园与合肥新站综合开发实验区。东至萧城路，南至砀山路，西至淮南路，北至新华路。规划总用地面积为22.095万m^2，规划居住用地19.946万m^2，其中住宅用地15万m^2，公建用地1.19万m^2，道路用地1.6万m^2，公共绿地2.156万m^2。规划总建筑面积：49.86万m^2，容积率2.5，建筑密度20%，绿化率41%，居住人口11850人。

在综合考虑合肥市的城市性质、气候、传统风貌等地方特点和规划用地周围的环境条件后，在城乡结合的城市新兴区，创造出一个具有浓郁文化特色的风情居住小区。小区规划坚持“以人为本”、“尊重自然”与“可持续发展”原则，建设适合现代生活，适应居民的活动规律，综合考虑自然条件、配套设施设置和管理的要求，创造建筑与环境协调融合的整体氛围。小区在设计中利用亚热带风格重视原生环境，追求自然绿色，寻求生命的超脱的精神，结合各类景观元素作为典型装饰符号，摒弃了沉重拖沓的传统设计方式，并融入简约大方的现代景观特征，对自然元素和现代元素进行同一体系中的二元同体设计，让两种相继的风格完美的碰撞与结合。

小区在建筑品质上也锐意进取、积极创新，采用多项新技术、多种新材料，如二步节能、CFG桩、无负压供水等等，这些新科技的加入在环保节能、防护安全、生活质量等等方面都起到了积极的作用。

昊天园小区在户型设计方面也积极开拓思维，把对住宅房型的深刻理解融入到现代人的生活习惯中去。按照功能要求将起居室、餐厅、厨房、等集中布置在靠近入口的前区，将卧室、卫生间等集中在远端的区域，使室内的公共活动空间和私密性较强的卧室部分相对分开、各自独立。单元的入口设置了门厅，一方面形成室内外的过渡空间，同时也起到遮挡视线和满足日常生活习惯要求的作用。另外对空调进行了整合，不但避免了一般住宅立面上挂满了空调的凌乱，而且将空调作为一个立面元素进行处理，为立面增色。

新华集团旗下的万城地产出自于对山的尊重，对大自然的尊重，对合肥这个城市贵族们的尊重，凝练世界各国城市半山别墅的精髓，以中式建筑的典雅结合意大利的高贵风格定义万城·南山郡。在蜀山之南，这块上风上水的宝地，为合肥这座城市的贵族，打造出千万级的珍世别墅，再造一个旷世的别墅生活样板。

万城·南山郡规划用地总面积约235.227亩，总绿化面积高达70568.1m^2，营造了别墅区里罕见的45.0%奢豪绿化率。原生态的自然人居环境，把居住者带回最轻松随意的生活状态。

万城·南山郡，踞守于蜀山脚下，一面是一览蜀山绿意延绵，畅享清风徐来，私藏鸟语花香，倾心于脉脉群山间，万般风情的对峙，一面是事业疆域与从容生活的平衡，在钟灵毓秀的山水滋养中邂逅上流时尚生活。高人一等的眼界，高贵脱俗的品位，万城·南山郡属于有限的贵族人士。在动与静之间，以智慧、力量和真性情，轻松驾驭身边的一切，让阁下将梦想写进生活，让生活回归梦想。宋代诗人郭祥在《郡城眺望》里云："蜀山回出千螺秀，淝水长萦一带回。"登临大蜀山山顶，南眺巢湖，北望董铺，山因水活，水因山秀，宛如一幅美丽的画卷。合肥市区独享这样一座"城市之山"，是大自然的造化。它北枕江淮分水岭，南有巢湖汪洋于前，地势西北高、东南低，正是地脉深厚，龙气壮阔之地。而蜀山之南"万城·南山郡"枕山襟水，正坐拥此得天独厚的壮阔宝地。

在这样的上风上水之地，万城·南山郡更在整个社区的规划中贯穿了"水生态"的理念。形成了以水为魂的宜居生活。对万城南山郡来说，好的产品规划，应该有自然而谦逊的态度，就象老子说的"上善若水"——像水一样涓滴长流、方圆依物、曲直随行，经历冬夏以后依然随风潜入，润物无声。万城·南山郡通过人工造湖，近10000m^{2}水系，形成两条波光粼粼的溪流。以优质水系隔离出有天有地的私享境界，让户户拥有一片水意萦绕的理想家园。

万城·南山郡外立面采用彰显典雅的意式建筑风格，檐口厚重，外观简明，整体色调淡雅宁静，高贵而不张扬。在不抛弃中国传统名族文化的同时营造出浓烈的意式风情。屋顶采用了最能体现别墅传统的四坡顶，讲究对称和稳定，外立面装饰以连廊、露台、花池等尺度宜人的构件合理布局，丰富韵律流动又增加生活的气息，厚实大气石材干挂立面与大蜀山的浑厚相得益彰，让建筑自然融入大山的怀抱。每栋建筑的内庭院利用环境自然错落布置了多个不同的室内外平台，形成独具一格的"五层庭院"，配以景观绿化，让室内外空间充分交融，满足业主不同的活动空间需求，打造高雅舒适的人居环境。

为了将万城·南山郡打造成合肥顶端的豪宅标杆，在项目的规划与设计上，万城地产与世界团队联袂的同时，更让项目团队在历经十余月，踏遍国内外三十余城市，研究百余个顶级豪宅后，才开始在图纸上布局这一鸿篇巨制。万城·南山郡的项目团队用极其独特的视角和对生活敏锐的洞察力，就考察的所有顶级豪宅的独特亮点，结合万城·南山郡得天独厚的各类资源优势，全面塑造万城·南山郡的山居生活，在彰显高端别墅精华的同时，使传统人文与现代生活在万城·南山郡完美交融，向我们诠释出"建筑成就未来"的真谛。

万城·南山郡坐拥10余种经典户型， 130余席巅峰别墅，奢华、古典、厚重，成就少数人的尊邸与领地。它高贵身份的品质在每一个细节彰显，一种居者为王的尊贵油然而生。百万平方米生活版图，涵括商务、办公、休闲、娱乐、社交等生活主题，任您在繁华与自然之间，自由切换。培养您的后代成为真正的绅士与贵族，在钟灵毓秀的山水滋养中邂逅上流时尚生活。

★中国名盘

2010CIHAF CHINA REAL
ESTATE LANDMARKS

万城·南山郡

万城地产·合肥

华地·紫园，是安徽华地置业继华地·学府名都之后的又一经典力作。华地·紫园沿袭全球高端居住的精神文脉，由服务全球一线城市及项目规划的美国UDG联创国际大师团队担纲建筑规划设计，由美国YPA北半球景观大师倾力打造合肥罕见的多重立体园林，由承袭200多年高端物业管理经验的全球第一物管美国世邦魏理仕担纲物管顾问……众星云集，大师手笔再续经典。

项目占地142亩，坐落于科学大道19号，北临银杏路，南靠海棠路，东依天鹅湖温润灵气，西踞大蜀山蜿蜒龙脉，如此与城市恰到好处的距离，静静地镶嵌在这块紫气萦绕的城中瑰宝。项目位处合肥高新区经济高地，与大蜀山风景区、未来中心政务区、蜀山学府区等连成“一片四中心”，是高端智识人群首选的舒适居住聚集区和高尚工作事业场。项目周边云集众多世界500强高科技企业，簇拥合肥市政府、合肥大剧院、合肥奥体中心、大型Shopping Mall商业中心、五星级酒店等顶级生活配套，交通四通八达，10分钟自由切换城中繁华与静谧，离尘不离城。

在规划上，华地·紫园源自美国UDG联创国际建筑大师智慧，超前规划设计了一座纯粹低密度的30万m^2新古典主义人文社区。项目规划13栋花园洋房与10栋御景高层呈错落式布局，参差错落形成相对独立的庭院组团，超过40%的绿化率，最大化楼栋景观视野。将天际线、人动线、景观线完全“人性化”设计。

2010CIHAF CHINA REAL ESTATE LANDMARKS

华地·紫园

华地置业·合肥

同时，华地·紫园更打破了合肥住宅传统形式，精装独立社区入户大堂设计，带来前所未有的尊贵质感。地下全通透阳光车库设计，专属电梯直接入户，尽显尊崇。

在建筑上，纯粹新古典主义建筑风格，传承法国凡尔赛宫三百多年来历史建筑文脉，基座、墙体、屋顶经典三段式立面搭配，质感外墙高贵典雅。华地·紫园一方面摒弃了中西方古典建筑细节的繁琐，另一方面将法国怀古浪漫情怀与中国现代生活完美融合，成为兼容华贵典雅与时尚现代文明的经典化身。

在园林上，华地·紫园融贯中西园林精髓，打造合肥独一无二的下沉式园林，依托蜿蜒中轴风景走廊，融入情趣多变的大面积水景水系，巧妙营造"一溪谷五园、下沉式园林、百年银杏林、中央溪谷会所"等立体园林景观，前庭后院五大主题园林，曲径通幽处更有叠水、喷泉、亭廊、水榭及百年银杏园等名贵树种园景，一路风景为您缔造真正的"御品名门"。

在户型上，华地·紫园更是呼应园林景观，户户花园露台、观景阳台、阔景飘窗等创意空间，一层和二层洋房均配置多功能地下室、亲地下沉式庭院等自然空间，最大化让居者与室内外风景"和谐为一"。屋顶低碳智能设计，太阳能天然入户。而纯板式宽景HOUSE尽览天下视野，人生风景自在高处。

华地·紫园，一座天赋祥瑞之气的风水宝地，代表典雅、高贵的生活居所。在社区配套上，华地·紫园更为业主定制了专属的顶级俱乐部会所、15000m^{2}国际名店商业街以及专属国际幼儿园等完善配套，为天生贵胄的城市顶级名仕量身定制一席专属的御品名门。

天赋紫园，御品名门，让经典永恒流传。

★中国名盘

2010CIHAF CHINA REAL ESTATE LANDMARKS

首地·首城

首地房地产开发有限公司·长春

首地·首城位于长春市经开区世纪大街东、珠海路南、环城高速公路西、长大公路北，正对世纪广场；是长春经济开发区与净月经济开发区的交界点，也是通往净月的必经之路；项目地块以前为棚户区，居住环境、生活环境较差，在一定程度上制约了经开区与净月区的整体发展，同时也不利于周边的居住环境改善；随着经开区的会展经济与净月区旅游产业的进一步发展，由于本项目地理位置的相对特殊性，也要求本项目有一个良好的展示面，成为展示长春经济发展的窗口。

首地·首城周边环绕15所高校以及4819户企业、外资企业已达581户，其中世界500强企业29户，占全市的63%。2007年，在首届中外跨国公司CEO圆桌会议上，经开区荣获了“跨国公司最佳投资的开发区”称号。首都机场地产集团以T3服务为根本，将“倡行中国服务，展示国门形象”的企业文化理念深化至人居根本，以服务地产的理念呈献“首善之地·品质生活”；并携手鸟巢设计者——中国建筑设计研究院打造“城市森林地·人文艺术城”。

随着住宅房地产市场中“教育优势”的热度不断攀升，择校而居的住房观念越来越多地成为城市消费中坚阶层的置业选择。项目被东北师范大学、长春税务学院、吉林农业大学等15所大专院校所环抱，中国农业科技东北创新中心、农科院特产研究所、省农科院等7个著名科研院所也坐落于项目周边。

首地·首城所在板块云集了众多中高档居住社区，形成了良好的居住氛围，满足了人们对一种和谐生活状态的追求。板块内部开发面积超过千万，代表楼盘有中信城、和黄·御翠园、复地·哥德堡森林、万科·潭溪别墅等长春市顶级地产项目。整个地块的总体结构将形成“条带状生态结构”。包括以世纪大街为主干，东环城路与洋浦大街为两翼的公共配套服务，与世纪广场周边的锦绣东方、东方万达城、凤凰城等项目共同营造了一个风格非凡、品质成熟的优质居住区。项目所在区位交通便捷，乘公交或自驾行都很方便。轻轨线路从长春站直至长影世纪城，公交线路102、103、115、160、334、338、346、350等便捷高效，火车站、太阳城、人民广场、南岭体育场、中东大市场、卫星路、临河街等人群聚集地与繁荣区域均可直线到达。对于自驾车业主来说，首地·首城板块毗邻世纪大街，与东环城路、净月大街、洋浦大街多条道路交汇，横跨多区，自由畅行。

首地·首城占地32.17公顷，现有规划总建筑面积约为83.75万m^2，其中地下约12.97万m^2，地上住宅约60.89万m^2，商业9.88万m^2。项目用地范围内规划了一所6000m^2的学校和3500m^2的幼儿园。项目住宅由近50栋小高层和高层住宅及两条商业街组成，整个社区约有5386户家庭，未来将有1.7万多居民在这里生活。项目规划超市位置处于项目的最西侧，紧邻世纪广场，不仅服务于社区居民，也能满足区域内消费者的生活需求。

首地集团携手国内顶级团队，精心规划产品，从区域发展的角度，从城市会展经济发展的高度，从人文关怀的深度，开发80万m^2人文艺术城，打造“首善之地”。首都机场地产集团将首都机场集团“倡行中国服务，展示国门形象”的企业文化理念深化至人居根本，将中国服务延展细化为国宾服务，以服务地产的理念优化人居价值。

华中·国宅华园由华中集团开发建设。以“中国风，中国情”为品牌定位，以“弘扬民族精神，复兴中华建筑文化”为使命，展现“文明的中国、开放的中国”的社区面貌。国宅华园作为“华中国宅”系列的开篇之作，以“国宅心，和为贵”为核心内涵，打造“中华文化之宅、绿色科技之宅、人本品质之宅”，产生了广泛影响。国宅华园在首届两岸四地房地产高峰论坛大会上荣膺“2010中华建筑奖·品质宜居金奖”，获得了社会和业界的认可。

项目规划用地约10.2公顷，总建筑面积约36万m^2，由12栋现代板式高层围和而成。通过科学认真的地块分析，合理安排入口区、商业区、公共活动区及居住邻里区，保证了最大化的节约用地。社区外围规划双首层步行商业街，设置零售卖场、精品店、休闲娱乐场所等；社区内规划高端生态会所“大地之子”、国际品牌幼儿园、国宅健身俱乐部、游泳馆、品牌书屋、精美咖啡厅等，使业主享受休闲放松品质生活。

园林景观方面，采用轴线对称与围和的环境规划格局，结合风水阴阳理念手法，彰显国人惬意和谐的生活品质。15000m^2的现代中心园林，6个组团花园式景观设计，形成了“绿色原野”“门前森林”。

建筑设计方面，以“中国风，中国情”为主题，大气、稳重、气势恢弘。建筑立面以沉稳的深色调为主，多元化的设计理念，巧搭金属、装饰板、石材和涂料，打造高品质建筑。运用丰富的建筑语言，传达中华民族和谐、大爱精神，使现代居住环境承载传统文化，永续城市文脉。

户型以两室、三室为主，88—216m^2不等，既强调高档、大开间、小进深、大面宽、大景观的优异性，又充分满足小户型精致、功能齐全的居住要求。

国宅华园的每一个细节都坚持与自然求和、与建筑求和、与环境求和、与人求和，倾力筑造国人理想之宅，让居者尽享阳光、健康、尊贵的和谐生活。

华中·国宅华园刻意锻造现代宜居的高标准，采用先进绿色科技，既体现低碳环保的社会趋势，又为人们的生活提供便利服务，提高生活品质。引入一批具备先进性和实用性的住宅科技元素，对提高国宅的居住品质与舒适度有重要意义。国宅华园在保定地区同类楼盘中率先提出低碳环保、绿色科技的理念，并将之付诸项目的各个细节中。

增加投入3000万元引入先进断桥铝窗+中空玻璃+附框的全新窗体节能模式。断桥铝窗保温隔热性、刚性、防火性、耐大气腐蚀性、强度等综合性能均比塑钢窗高出数倍，使用寿命长，装饰效果好，采光面积大，大幅降低建筑能耗。

建筑节能方面，严格控制建筑的体形系数，通过建筑朝向、墙体材料、保温材料的应用，保证建筑65%以上的节能。采用聚苯保温材料，提高墙体的隔热性、阻燃性；引入环保石膏砌块益于自动调节室内湿度；选择环保抗腐蚀的HDPE管材、环保型涂料、透气性更优的砌块；采用太阳能照明、节能型LED照明器材、优质耐温耐压复合管材、透水砖铺路等，体现宜居、低碳、环保的建筑理念。

全部引进先进通风设备，合理调节室内空气，能够自然排除室内装饰后长期缓释的有害气体（苯、甲醛等），不开窗也能保证空气新鲜，减小空调病危害，同时保证低耗电量，体现节能效果。

国宅华园的创新点在于：

1. 利用现代手法表达中华建筑文化。运用中国陶、瓷、玉的传统元素，通过多元化的设计理念、色彩与材质对比，体现丰富的建筑语言。通过金属、石材、陶板、涂料的巧妙搭配，打造高品质的建筑细节，形成独特、稳重、高雅的建筑气质。

2. 吸纳国外最新的户型和生活理念（纽约、巴黎、东京、柏林），结合中国传统生活习惯来创造新的居住空间与功能，改善国内千篇一律的户型结构，达到国际化先进的住宅室内居住功能和运动流线，创造适合中国现代家庭的生活小环境。

3. 以复兴中华建筑文化为使命，开发成本低，施工精细度高，材质材料低碳环保，综合性价比高，潜力巨大，对中国住宅的发展具有深刻的启示、引领意义。国宅华园属于本区域标杆式的住宅项目。

★ 中国名盘

2010CIHAF CHINA REAL ESTATE LANDMARKS

华中·国宅华园

河北华中房地产开发有限公司·保定

一、项目资料及定位：

1. 总体布局：两轴四带，五大片区，盆状空间。以低密度多层花园洋房为主，辅以外围小高层。

2. 总体定位：打造全疆幸福指数最高的生活样板区。

3. 品质定位：花园洋房·绿色建筑。

4. 交通定位：绿色交通、人车分流。

5. 区位产品：屯河岸·海棠院——72万m^2高性价比花园洋房。

6. 智能化定位：AAA级智能服务（家庭联网防盗可视对讲系统、电子巡更系统、监控系统、周界防范系统、停车场出入管理系统、背景音乐系统、门禁管理系统、通信网络系统）。

7. 园林整体定位：四级绿化（第一级是完全开放的海棠大道和市政道路，既服务于本项目居民，又服务于外来人员；第二级是小区主干道与各组团中心绿地，它属于组团业主的半共享空间；第三级是道旁绿化和宅间绿化；第四级是各家各户的庭院绿化，包括阳台、露台、中庭、后院等私有空间）。

★中国名盘

2010CIHAF CHINA REAL ESTATE LANDMARKS

西域·君悦海棠

新疆缔森地产开发有限公司·新疆昌吉

8. 位置：莅临头屯河，北至宁边东路，南至红星东路，西至绿洲北路，东至屯河北路。

9. 资源优势：万亩原生植被，十公里屯河滨水，六公里天然湿地，12万m^2的海棠景观大道，4万m^2的中央绿地广场，超过50年以上的1200棵海棠果树、5300棵参天榆树，上百种植物种类……

二、配套：

1. 教育配套：君悦海棠社区内有两所幼儿园，社区附近有园艺场小学（四小），州三中、州四中、农业技术学院、师范学校等。

2. 医疗配套：社区内有医疗中心，附近有民康软伤医院、人民医院、州医院等。

3. 公交线路：小区周边的交通便利，四围都是成熟的市政道路，公交线路包括：44路（园艺场——高管局）；40路（政务中心——昌吉学院）；43路（头屯街——市区）；45路（园艺场——文化宫）；6路（亚中——亚中）。以上线路均经过市区主要繁华地段。

4. 乌昌直通车：君悦海棠设乌市直通车。

5. 社区内配套：会所、卫生站、健身设施、便民服务、警卫室、社区服务中心、商业中心、邮电储蓄、派出所、幼儿园等。

6. 城市配套：海棠景观大道（打造海棠路城市绿化带，使之成为城市景观大道、城市公园，为市民及小区居民日常休闲活动提供重要场所）、海棠时尚街区（沿健康东路将建海棠时尚街区，包括影楼、休闲餐饮、书美容咖啡厅、音乐餐饮、舍宾、网吧、医疗、保健、超市、便利店等商业服务）。

7. 休闲配套：沿屯河北路将建书画苑、图书吧、阳光生态仓、影视中心、动漫吧、少儿DIY、才艺馆、旱冰场、篮球馆、保龄球、乒乓球、网球馆、产业展示中心等优质、休闲城市配套。

8. 商业配套：奥特莱斯·明珠都汇、园林宾馆。

奥特莱斯·明珠大都汇是海棠湖生态城项目商业物流的主要部分，是君悦海棠配套功能的突出体现，是昌吉市定位为休闲之都的功能补充，是城市东优东移的标志性城市综合体，集餐饮、游乐、休闲、购物、旅游、酒店等主要功能于一体的时尚大都汇。项目总建筑面积21万m^2，总投资8.64亿元，共分三期进行建设开发，三年完成。

园林宾馆：约330亩的规划用地按照五星级酒店标准装修，共分1、2、3号楼。区域之间通过中央景观区相互连接。1号楼为核心建筑，为私密性区域，以国家元首总统级接待标准进行建设；2号楼为半私密半开放空间，以国宾级标准配备建设；3号楼为相对开放区域打造昌吉州首家五星级会议度假中心。主要技术经济指标：总占地面积：94554m^2（合127亩）；总建筑面积：地上16041m^2，地下3487m^2；建筑占地面积8537m^2；建筑密度：9.03%；容积率：0.17；绿化率：77.5%

★中国名盘

2010CIHAF CHINA REAL ESTATE LANDMARKS

新天润国际社区

乌鲁木齐新天润房地产开发有限公司·乌鲁木齐

随着乌鲁木齐“十一五”规划战略——建设“亚心之都、国际都市、商旅名城、宜居城市”的逐步实施，城市化进程的进一步加快，乌鲁木齐老城区已无法满足城市发展的土地需求。2009年，乌昌地区将按照《乌鲁木齐市住房建设规划（2008-2012）》的要求，通过制定一系列积极、有效的措施，大力推进城北新区的建设，吸引人口向城北新区转移，逐步缓解中心城区人口密度过稠的压力。在此发展机遇下，“城北”必将成为乌昌地区经济发展的焦点和最具发展潜力的地区之一。新天润房地产开发有限公司积极响应政府号召，力邀新加坡顶级建筑大师在城北轻轨黄金区位倾力打造具有法式风情的国际化高尚社区——“新天润国际社区”，旨在用专业的精神筑造乌鲁木齐顶级生活居所，高标准塑造国际美好家园。“新天润国际社区”项目总占地54万m^2，总建筑面积91万m^2，预计项目总投资30亿元，被评为乌鲁木齐的重点建设（支持）项目。

秉承国际生活蓝本，升华高尚居住品性。建筑设计力显国际大师风范，以品质兑现乌鲁木齐的高尚住宅表情，精致的形式构件赋予建筑至尚活力，细节的雕琢颇具匠心，品味时间沉淀而来的经典美学，将建筑艺术与舒适主义完美结合。内部设计强调居住的功能性与舒适性，全面升级了270度全观景飘窗、豪华大开间、步入式景观阳台。通透朗阔的空间设计，最大限度的将阳光、新鲜空气等自然元素引入室内，尽显贵胄生活品质。

尊崇大气的欧洲皇家园林景观设计，将奢华优雅的美感发挥到极致，不仅气势宏伟，而且注重人性化内涵。华丽主题广场，打造视觉盛宴；千棵原生大树，演绎浓浓绿意；雕塑、艺术小品，传承意境文化；灵动音乐水景，蕴涵郁郁生机；空中俯瞰，宛若一朵盛开的天山雪莲，调动人们的感情与思想自由奔泻，使生活更加丰富惬意。

项目内将建设大型综合旅游商业项目：国际演艺中心、豪华影视城、顶级运动康体水休闲中心、世界500强连锁超市和大规模特色风情文化商业步行街、美食街、星级酒店、国际标准恒温游泳馆等，共同构成“北部新城”的核心商圈、黄金口岸。由综合商业所产生的凝聚力和辐射力将使十二师土地附加值得到较大幅度的提升，为房地产的开发赢得有力的市场支撑。并且本项目将为乌市“打造国际商贸中心”增添新的亮点，成为《2008至2020年乌鲁木齐市城市商业网点发展规划》建设“1个市级商业中心，5个区级商业中心、19个居住区（社区）商业中心及30条左右的综合特色商业街”中的一个典范。

“城市向北看，国际新家园”，三年后的今天，一座绿色、环保、科技、亲和、人性化、品位独到、配套齐全的高品质千亩国际社区将呈现在全疆2000万人民面前。

2010CIHAF CHINA REAL ESTATE LANDMARKS

阳光之尚

乌鲁木齐房地产开发（集团）有限公司·乌鲁木齐

“阳光之尚”住宅小区位于乌鲁木齐市北部新市区区域内，是一座自然风光与人文景观有机结合、传统文化与现代文明相映成辉的新兴城区，是乌鲁木齐市的政治、文化、信息中心。本项目整体定位为乌鲁木齐市经济适用房住宅小区，用于改善乌鲁木齐市中低收入家庭的住房条件，消费对象为乌鲁木齐市中低收入家庭。

1. 项目功能定位

本项目为经济适用房，主要功能为居住使用。整个小区综合配套建设休闲场所、幼儿园、小型图书室等公共设施，集居住、休闲、健身、娱乐、学习于一体，将是一个舒适宜人的居住场所。

2. 项目形象定位

本项目为乌鲁木齐市经济适用房小区，整个小区的建设随地形的变化，形成错落有致、清新、别致的建筑风格，并融入周围的自然景观。整个项目可以改变区域内的面貌，极大地提升乌鲁木齐市的整体形象。

项目各环节的创新介绍

1. 总体布局

在项目的规划设计阶段就树立起保护生态、注重环保、节约资源、体现民族特色的指导思想，将当地的地理、民情与项目规划、建筑设计有机的结合起来，根据小区地形特点设置休闲设施、绿化隔离带等设施以方便人们休闲娱乐，打造出融和自然、建筑、人文、心理需求于一体的人居环境，推动乌鲁木齐市人居建筑环境建设全面、协调、健康、可持续发展。

2. 小区环境设计

小区环境建设以节能、节水、节材、节地环保为设计理念。坚持以人为本的设计思想。建设小区内广场、人行道、绿地等相互呼应、浑然一体，充分体现出与自然环境的协调，打造出最佳的人居环境。

★中国名盘

2010CIHAF CHINA REAL ESTATE LANDMARKS

薇宁花园

乌鲁木齐市联江丰房产开发有限公司·乌鲁木齐

薇宁花园项目是乌鲁木齐市联江丰房地产开发公司，集十年之房产开发经验，聘请上海同济之名人担当顾问，倾力打造的一个高档样板项目。

一、项目地理位置及周边状况

该项目位于乌鲁木齐市新市区阿勒泰路42号，土地级别为住宅三类用地，东临伊犁哈萨克自治州驻乌鲁木齐市办事处，南临中国核工业新疆矿业局供销公司仓库，西临新疆广汇房产开发的小区，北临蜘蛛山南麓脚下的伊犁州巷路。该地入口为北面的伊犁州巷路道路规划宽度24米，从伊犁州巷路向东约300米到阿勒泰主路。

周边生活设施情况：学校有36小、9中、29中、54中、新疆财经大学南校区等；医院有自治区人民医院分院、心脑血管医院、新疆医科大肿瘤医院等；购物有福润德购物中心、好家乡超市、家乐福超市和全疆最大的综合性购物中心广汇美居物流园、全疆最大的机电市场和全疆最大的旧货市场；饮食餐饮有全聚德、天下春、塞外江南大酒店、德商会馆、鑫都酒楼等；政府机关有自治区劳动社会保障局、自治区铁路局、乌鲁木齐市海关、新市区政府、乌鲁木齐高新技术开发区政府、乌鲁木齐经济技术开发区等；休闲有蜘蛛山和鲤鱼山公园等。鲤鱼山公园有全市最大的早市。

二、项目优点

此地段的优点是：蜘蛛山的南麓脚下，背靠数万平米的山顶公园；乌市城市大动脉阿勒泰路向西，动中有静交通十分便利；沙依巴克区和新市区交界处，地理位置优越，生活设施齐全方便。由于该地块不大且容积率低，又凸显该项目的珍贵。

三、项目开发方案

薇宁花园项目拟建为：两栋小高层花园洋房，结合该地块东西短南北长的特点，在南面建一栋七层楼，北面建一栋八层楼，在两栋楼之间按每户1.3辆车设地下停车场。一梯两户大户型住宅，每户均有入户花园，4卧3卫2厅中西双厨1书房超大平层户型，全框架现浇，户型大气功能齐全，格调优雅落落大方，即为乌鲁木齐市首座蝶形建筑形体，又充分兼顾到每套户型的采光通风要求，各户型以东南和西南朝向为主，层高均为3米，5腔3玻浮法玻璃窗，高档进户四防门，燃气壁挂炉地采暖，公共部分全部精装修。外立面新颖窗户为上下错位布置，色彩庄重绚丽。室外园林景观小品精致典雅，人车分流，车直接进入地下车库，人从车库乘电梯入户。

四、开发项目数据

占地面积：5193m^2，住宅建筑面积：7770m^2，户数：36户，容积率：1.5，地下车库1600m^2，机动车停车位：47辆；建筑密度16.8%；绿地率38%。

★中国名盘

2010CIHAF CHINA REAL ESTATE LANDMARKS

石河子·北新佳境

新疆北新房地产开发有限公司·新疆石河子

石河子·北新佳境是由新疆北新房地产开发有限公司开发建设。新疆北新房地产开发有限公司石河子分公司隶属于新疆兵团建设工程有限公司（简称兵团建工），北新房产2008年在乌鲁木齐开发的北新佳境小区运用了大量的新技术和新材料等工艺，荣获2009年中国住交会“中国名盘”和2009年度国家科技部颁发的“全国城市新地段黄金楼盘”等奖项；北新房产也为石河子精心打造了41小区北新佳境高层中高档高层住宅小区。

石河子·北新佳境小区规划总用地面积32878m^2，总建筑面积（不含地下）101499m^2，规划总户数826户，规划总人数2585人，建筑密度21.75%，绿地率40.2%，容积率3.075，停车位244个，是由高层、多层、大型地下车库及商铺组成的居住生活功能齐全的高品质住宅社区。

石河子·北新佳境小区位于北二路与东三路交汇处，处于石河子地图板块中心位置，集生活中心区、教育中心区、政治文化中心区于一身，地段优势与生俱来。小区东500米处徒步仅5分钟的时间即可到面积35万m^{2}的世纪广场和人工湖，南面是成熟的42小区住宅小区及高中城和第九中学，西500米处是石河子大学附属医院国家级3甲医院、康乐市场、石河子大学和东公园，方便您的生活购物和孩子上学的问题，小区周边弥漫着浓郁的文化气息，周边的配套设施齐全，大学开放的游泳馆、体育场等供您在闲暇时身体也能得到充分锻炼；北邻农行总行方便您办理各项金融业务；生活配套齐全完备，银行、超市、餐饮、娱乐、购物、休闲场所星罗棋布，一应俱全。小区北二路、东三路、北三路分别有1、9、12、29路快速载乘您到石河子的各个地方，便于您的出行生活，小区马路之隔的天然氧吧让居住在本小区的您足以呼吸新鲜的空气。

石河子·北新佳境创新采用环保与建筑节能新技术、建筑防水新技术、节能环保隔热技术、楼宇安防智能系统、管道缆线安装工程技术，外墙保温采用环保、防潮的高品质挤塑板，墙面采用与自然融为一体的仿花岗岩真石漆，实现了住宅产品在绿色环保、节能减排方面的创新和跨越升级，全面引领石城住宅健康化、环保化的生活革命。

石河子·北新佳境的景观规划引用《桃花源记》中提到的“木、石、花、鸟”四种景观元素作为社区四块宅前绿地的景观主题，传达出一种“生态一人居”的领先生活理念。小区的景观规划和小区周边的景观相融合，北三路入口的景观广场采用开敞式弧线，当您进入小区穿过林荫步道，眼前是小区的景观广场，广场两边是花坛与水镜相间的景观带，各种景观树构成一幅完美的背景。小区由4个半开放式广场景观空间构成，分布在各楼宇间，让您足不出户也能感觉到小区景观的美景。

小区的建筑采用目前高层建筑最新型的剪力墙结构的建筑构造，剪力墙结构综合了框架结构结实牢固安全的优点，房屋内部空间整体性好，房间内不外露梁、柱无多于不便于装修的棱角，在装修和摆放家具时你将可以充分展示，做到房屋利用率最大化。

石河子·北新佳境规划设计依据“以人为本”的人性理念，以人车分流模式为基础，北三路的主入口为人行入口，北二路为车行入口，采用地下车库集中停放车辆，这样既方便有车一族，也尽量减少了机动车的废气和噪声对小区居民的影响。停车场电梯可直达您家，让您和您的爱车将不再受天气的影响，也为居民带来了一份舒适、安静更能体会到小区规划带来的安心。

在住宅产品升级方面，石河子北新佳境创新推出270°观景窗、大飘窗、大落地景观窗、大阳台、大露台、大视野，彰显大家风范；超大面宽客厅、人性化大气卧室、精美户型明厨明卫、双开刷卡入户电梯尽享尊崇生活礼遇；大手笔规划大平层户型、错层户型、复式户型，揭幕全新生活标准；65.9米超宽楼间距，智能化家居安防系统、专业化物业服务，充分保障业主的隐私和居住安全，全面开创石河子高品质居住新纪元。

项目背景：

融亿海盈银城大厦位于乌市城北天津北路3号，地段优越，铁路局及美居物流园商业圈近在咫尺，项目周边配套有35小、铁一小、铁三中、68中、粮食学校、铁路技校、司法警官学校、财经学院等成熟教育让孩子的成长一步到位；植物园、新城公园让城市风光尽收眼底，生活与自然相融；塔里木酒店、吐哈石油大厦等星级酒店完美您的享受；乐亿多超市、家乐福、家佳乐、爱家超市、康尔佳等大型商超林立，全面满足生活所需；铁路医院、空军医院、县医院、渡洲医院、肿瘤医院等医疗机构保障您的健康；37路、52路、57路、152路、203路、303路、304路、305路、503路、526路、922路等数十条公交路线来回往返，方便快捷。

项目科技技术内容：

5A办公智能化系统：

BAS系统——楼宇自动化系统

对大堂、公共走道的照明以及给排水、电梯进行动态监测及控制，全面提升无障碍办公环境。

OAS系统——办公自动化系统

采用一系列现代化的办公设备和先进的通信技术，使企业内部人员方便快捷地共享信息，高效地协同工作，为科学管理和决策服务，提高行政效率。

FAS系统——消防自动化系统

利用烟感探头对楼内及地下车库等公共部位进行监测，实现火灾自动检测、报警、灭火、抽烟和自动排气功能。

SAS系统——保安自动化系统

利用闭路电视、防盗报警、门禁系统和电子巡更系统，对出入口、地下车库等公共部位实现24小时实时监控，同时安保人员定时巡更。

CAS系统——通讯自动化系统

通讯、网络、有线电视端口接至相应楼层，实现楼内通讯系统完全自动化。

项目创新点：

1. 可视单元门对讲系统：可远距离辨别访客身份，并联动社区保安中心，人性化的配置。
2. 监视系统：自动摄像头遍布社区，全景无遗漏，安心的配置。
3. 小区周边红外线报警系统：防翻越自动报警，防备外来隐患，舒心的配置。
4. 保安自动巡更系统：定制式的保安巡更系统，定时、定点巡更，保证预警方案的执行。
5. 室内一键式报警系统：一键连通社区保安，及时解决业主困扰，便捷的设置。
6. 煤气泄漏报警系统：自动检测煤气运行系统，保证无意外事故发生。
7. 社区智能联动系统：一键通知社区管理方，联动小区智能安防设施。

融亿海盈银城大厦给社会带来的经济效益：

1. 提升整个城北商圈的形象，增强该商圈的辐射能力和商气，有利于拉动城市第三产业的协调发展，增加新的商业业态，丰富商品供给，活跃区域经济。

2. 改善城市再就业环境。项目建成投入运营以后，可以增加就业岗位，有利于吸收和安置下岗待业人员就业，对改善城市就业状况，促进社会稳定和谐发展做出积极的贡献。

3. 增加城市财政收入。项目建设可以带动城市建筑业、装饰材料等相关产业增加产值，通过上缴各类税收，为城市增加财政收入做出一定的贡献。

4. 形成资本多元化投入新局面。可以为民营投资者进入新疆乌鲁木齐进行投资，做出积极的贡献，有力的提升乌鲁木齐市的城市经营水平，开拓城市商业新局面。

综上所述，该项目的建设，不仅必要，而且具有积极的社会效益，是一项利国利民的工程，符合国家产业发展及宏观调控政策支持。

2010CIHAF CHINA REAL ESTATE LANDMARKS

融亿海盈银城大厦

新疆融亿房地产开发有限公司 · 乌鲁木齐

★中国名盘

2010CIHAF CHINA REAL ESTATE LANDMARKS

秦　郡

新疆秦基房地产开发有限公司·乌鲁木齐

新疆房地产企业市场经济发展迅猛，近年来，涌现出一批具有较高品质和文化内涵的地产品牌。秦基房产，作为新疆地产行业的一颗新星，携其处女作“秦郡”参加本届住交会新疆区和全国区“三名”的评选。这不仅仅是秦基房产信心的展现，更是新疆房地产企业的态度：新疆房产企业所做的，不仅仅是为了改善新疆人民的居住，不仅仅是为了新疆城市化发展，更是告诉全国乃至世界，新疆房企有实力、有信心获得各界的认同。

区位、集中、前景　构筑城北生活“HOPSCA”

“全能生活体（HOPSCA）”，是对“秦郡”项目定位和品质的概括描述，体现了秦基房产开发理念和品牌建设构想。

“HOPSCA”作为当今地产模式的最高形式，它是伴随着城市功能的综合化、规模大型化和空间与流线组织复合化而顺应成长的一种全新的综合地产。（注“HOPSCA”，是六大业态HOTEL（酒店）+OFFICE（写字楼）+PARK（大型广场）+SHOP－PINGMALL（购物）+CONVENTION（商务会所）+APARTMENT（公寓）英文单词的第一个字母的概括缩写。）

项目位于“铁路局、高铁站点、企业总部”金三角区域，建成后的秦郡就是这样一个集办公楼、广场、购物、会所、高端公寓于一体的城市生活综合体。

据相关资料，开发区目前已经成为乌鲁木齐最具经济发展潜力的区域，其未来3-5年内的发展速度将远远超过乌鲁木齐其他老城区，秦郡项目的横空出世可以说是应势而生。

秦郡项目占地120亩，一期总建筑面积近10万m^2，其中包含近20000m^2总部高端商务写字楼及9000m^2的商务公寓。其独创设计的第三代LOFT公寓与舒适平层结构布局，注重功能与布局的巧妙划分，不但让人眼前一亮，也引起了业内的关注。

项目充分依托“铁路局、高铁站点、企业总部”强大人居、经济、商流优势，将居住、商业、办公三者巧妙地连接在一起。按照秦基房产的构想，项目建成后，必将成为一个“引领消费时尚潮流、展示都市魅力生活”，满足社会多方面需求的城市综合体，加之其在城北绝无仅有的区位优势，已经成为不动产保值和增值的代言。

规划、品质、内涵　铸就秦郡建筑生命

自2001年开始，乌鲁木齐晚报开始独家组织新疆区房地产企业参评、参观中国住交会评选和颁奖盛典，众多企业和项目以及企业领导人经过推介赢得至高荣誉。

今年，作为一个新建房地产企业，凭借其处女作秦郡项目，秦基房产努力争先。秦基人深知，优秀的规划、过硬的品质、实质性的文化内涵，是获评全国“三名”荣誉的三大法宝。

整体建筑规划方面，秦郡整个园区方正实用，依山就势，以包容围合的形态成为整个开发区中的高品质楼盘，建筑选用新古典主义的建筑风格，线条与色彩历久弥新，将经典与现代完美融合，让建筑与园林互相融合，最终形成基于品质生活理念的生态规划形态。

建筑正在经历从质量到品质的转变。秦郡项目不仅严格按照国际级规划建设要求执行施工质量标准，更是深度挖掘了秦郡项目本身的内在品质，即为生活在这里的人们精心营造一个春暖花开，阳光明媚、空气清新的居住环境，离尘不离城，既可享受城市的繁华，又可与自然和谐共生。

为了更好地打造“金三角价值升值带”的全能生活，秦郡在景观、户型、建筑品质上做出更大改进和提升：大广场、大尺度、大景观，让建筑与自然亲密接触。空间设计上，尽情拉开宽幅城北高铁站点、企业总部、铁路局的繁华视野，营造出一幅赏繁华、享宁静、品生活意境生活。

法式建筑文化并不追求时髦，它是一种延续的、沉稳传世的、在时光中构建永恒时尚和完美的主题。法式建筑经典、优雅的塑形，永恒抵御时光的侵蚀，留下历久弥香的文化魅力，使得整个建筑厚重而气势恢弘，细

节处更是精雕细琢，从而突显拥有者的尊贵地位。

秦郡法式风情文化在于选用了新古典主义的建筑风格，注重线条与色彩塑造，将经典与现代完美融合，采用勒诺特尔式园林的精湛技艺，并结合中国特有的居住文化欣赏特色，创造性的通过景观布局、法式特有元素、高端生活品质文化氛围的营造、现代全方位的物管服务，打造出一片“法兰西风情”生活公园。

这种欧式建筑文化的全新诠释就是秦郡高端生活品质理念，使得业主对家的理解，不再局限在于布局、装饰或是概念上，而是完全融入法式贵族生活文化中。

正如秦基房产一高管所说：“我们尽量把秦郡定位更加准确，城市化功能更加完善，让它既要满足人们的居住要求，又要在精神层面享受到生活的品质，这是一个项目的生命，这就是秦郡的价值，这更是我们的使命。”

现代秦郡　黑马跃出

——走进秦郡

“秦郡”项目，位于经济技术开发区二期，占地面积约120亩，为秦基房产首发之作。

项目以高端商务的总部规划，以满足总部基地的主体功能和核心功能的要求、按照国际化规划核心建筑，缔造集商业(国际电子交易中心)、云集财富名企总部的写字楼和精英商务公寓现代化复合型商务地标。该项目一期总建筑面积约10万m^2，其中建筑面积20000m^2总部商务写字楼及建筑面积9000m^2的商务公寓，致力于打造具有良好生态环境的现代化环保总部。

现在看来，秦郡共享了铁路局的成熟配套资源，区域内的商场、酒店、超市、学校、公园、各类娱乐设施和休闲场地云集，秦郡在享受这些公共资源的同时，更是尽其所能的建立自己的社区资源，将居住、商业、办公三者巧妙的连接在一起，在大环境中建造一座与居住者品味相匹配的大社区，一种优质生活，打造一个集居住、消费、娱乐、创业为一体的生活综合体，使建筑、社区、以及社区里的人都能成为城市的榜样。

与时俱进　系出名门

——走进秦基房产

新疆秦基房地产开发有限公司隶属于实力雄厚的、在生产、研发、管理各方面均具备世界一流水准的中国继电器行业龙头企业——厦门宏发集团·富承电子。

宏发集团在新形势下遵循开发区科学发展观和可持续发展理念，借助开发区独特的地缘优势结合宏发卓越的产品品质和独占鳌头的市场营销体系，成立宏发国际电子产品交易中心，以乌鲁木齐为核心辐射俄罗斯、哈萨克斯坦、吉尔吉斯斯坦、塔吉克斯坦、巴基斯坦、印度和蒙古七国的宏发国际营销总部，集中优势拓展国际市场，同时开拓并巩固西北地区的市场需求潜力。

同期项目策划引进以宏发为首的二十家左右的国内外知名电子厂商加盟，聚集产业及产品优势，形成高品质电子产品专业化交易平台，弥补西部地区电子产品的出口或缺。全力打造以西北地区辐射中亚、东欧国家，形成全球覆盖面最广的国际电子产品交易中心。

在西部大开发10年之际，秦基房产与时俱进，贯彻落实自治区优势资源转换战备的方针政策，大力推进自治区新型工业化进程，充分借助经济技术开发区独特地缘优势的大背景下，秉承诚信合作、共同发展的原则与经济技术开发区管委会达成共识，使宏发国际营销总部——秦郡项目成为开发区的重点投资项目。

该项目以高端商务的总部规划，以满足总部基地的主体功能和核心功能的要求、按照国际化规划核心建筑，缔造集商业(国际电子交易中心)、云集财富名企总部的写字楼和精英商务公寓现代化复合型商务地标，着力开辟构筑国内电子产品国际化营销网络，同时为开发区驻区企业提供全方位的商务配套。

高黎贡国际旅游城位于腾冲县城以东，距离县城中心约两公里处，是占地1289.65公顷的大型度假生活建筑范本。以其20000亩的恢弘建制，依托着腾冲东山的自然资源，融入英伦建筑艺术的贵族风韵，营造了独特的居住度假氛围，聚焦世界舞台，扎根腾越文化，必将成为能够代表国际级人居高尚生活方式的国际级度假生活典范。

高黎贡国际旅游城集人文建筑、自然山地、湖泊于一体，利用腾冲东山丰富的温泉资源与得天独厚的自然风光，依山就势打造以国际锦标赛级高尔夫球场为产业链，建设以五星级温泉酒店、园林式温泉浴场、艺术博物馆、大型游乐场、国际赛马场、风情度假别墅等为主题的运动、休闲、度假旅游胜地。同时结合用地的地形、地势的实际情况建设各具特色的生态养生居所及其他配套居住设施。

隽秀东山，位居腾冲县城中心以东，它是腾冲城市旅游规划发展中新圈出的重点区域，随着城市一体两翼大发展格局的推进，周边城市配套日臻完善，区域潜力无限攀升，注定成为未来腾冲的城市之心。未来，它将建成以度假区及国际高尔夫球场为主体，以众多的旅游景点为依托，融居住、旅游、娱乐、度假为一体的国际化高标准的旅游度假胜地。高黎贡国际旅游城正选址于此，以四期大蓝图规划，以巨匠造物之势，拉开腾冲最具价值的生活帷幕。

一期规划有人工湖、风情商业街、五星级酒店、演艺中心、18洞高尔夫标准球场、小高层景观洋房、多层花园洋房、别墅等；

二期规划有赛马场、马术俱乐部、欢乐谷、滇缅抗战纪念园、东南亚民俗风情街、高山平湖等；

三期规划有36洞国际锦标赛高尔夫球场、世界建筑博览园（万国风情别墅）、童心世界、度假别墅等；

四期规划有18洞的四期业主专属高尔夫球场、庄园别墅、五星级城堡酒店、温泉酒店、生态养生食府等。

高黎贡国际旅游城一期，优处项目门户位置，总占地2500亩。总建筑面积48.84万m^2，建筑密度仅7.2%，绿地率高达69.8%。将土地运用于大面积的景观营造当中，建筑被大面积的绿化所包围，形成一个围合的绿色屏障，高尔夫球场镶嵌其中，使居住者能够充分感受自然带来的清新舒适。其中规划有20万m^2人工湖、英伦风情商业街、五星级温泉酒店、演艺中心、花园洋房，别墅等，并配套有医院和学校。完善而成熟的规划，满足对品质生活及休闲度假的一切所需。

项目以苏格兰建筑风格为基调设计，从建筑立面到户型结构到园林景观，每一个细节都精益求精，打造了一个英伦风情的高尚国际居住社区。设计师引入西欧建筑艺术独特的贵族风韵，通过对立面对材质的苛求，臻选高档石材及涂料，打造苏格兰的红砖、斜坡屋顶、白墙和蓝瓦错落有致地融入自然之境，如油画般绘就经典，绽放生活五彩斑斓的美丽，铸就西欧风情建筑的生命力。

2010年，恒益地产将在云南腾冲打造一个空前规模的旅游圣地“高黎贡国际旅游城”。 在这片极具投资前景的热土，构筑于腾冲东山之上的世界缤纷之都，传递不可复制的豪宅气质，揭开了腾冲旅游地产新的篇章。恒益地产毫不掩饰地展现出能打造腾冲顶级物业的魄力和雄心，尽情彰显了地块价值的前景，自信在此优越地缘之上，成就一个城市的荣耀与辉煌。

★中国名盘

2010CIHAF CHINA REAL
ESTATE LANDMARKS

高黎贡国际旅游城

腾冲恒益东山休闲度假有限责任公司 · 云南腾冲

★中国名盘

2010CIHAF CHINA REAL ESTATE LANDMARKS

广发银行大厦

武汉钰龙集团·武汉

广发银行大厦位于武汉市建设大道与云林街交叉口的西北角，南临武汉金融一条街——建设大道，东至台北路，西至新华路，北望黄孝河北路。

项目坐北朝南，占地面积7508m^2，总建筑面积为84930m^2，其中，商业配套9978m^2，写字楼63107m^2，地下室 11845m^2；容积率9.85，车位269个。项目总高度206米：1~5层为商业裙楼，其中1层层高7米，2~5层层高5米；首层面积2178.28m^2，其中广发银行1430m^2，748.28m^2为大堂；二楼2005.93m^2，其中广发银行700m^2，剩余商业1305.93m^2；三至五楼商业2180.69m^2；6~47层为办公塔楼，层高4米，办公面积2749.41m^2；其中6、24、42层为避难层，层高4.5米。

位置：项目处于江汉区中心地段，具有人流、物流、资金流、信息流集中的比较优势，是万商汇集、聚富生财的黄金宝地。同时，这一区域的商贸交易额、金融营业额、实际利用内外资、财政收入等主要经济指标始终在全市保持领先地位。该地区高楼林立，超高层大厦约占全市的1/3，是全市最“高”区，夜景堪称全市最“亮”之区。本项目雄踞建设大道与云林街交叉口，是武汉CBD的核心。建设大道是武汉的“金融一条街”，此地拥有华中地区标志性建筑民生银行大厦及武汉最高档两座写字楼：国贸大厦和新落成的浦发银行大厦，商务氛围成熟。

交通：项目拥有完善发达的交通。新华路、建设大道、解放大道、航空路均为汉口中心城区主干道，向外辐射武汉三镇。周边公交体系完善，四十多条公交线路，通达武汉任何一处，人流交通便捷。即将启动的地铁7号线与道路，公交构成地上、地下立体交通网，为出行提供最大的便利。

环境：项目还拥有得天独厚的环境优势。西北湖绿化广场、喷泉公园、中山公园、青少年宫等紧紧环绕本项目。南面的喷泉公园总占地面积131880m^2，是城市主干道上的景观节点。西面的西北湖绿化广场水陆面积达到31.71公顷，是全国罕见的湖泊广场。中山公园始建于20世纪初，占地328000m^2，绿地率达91%，是国家百年历史名园之一。众多的绿色资源成为项目价值的体现。

配套：项目位于武汉金融与商业集中地段，周边配套完善。银行、休闲娱乐、医院等设施一应俱全。武广、世贸、新世界百货、SOGO等是武汉高档的休闲购物商场；项目周边除了锦江大酒店、香格里拉、新华大酒店等高品质酒店，还有太子酒楼、三五醇、湖锦酒楼等大中型餐饮企业，为商务宴请提供场所；蓝色天空酒吧、武汉剧院、世贸8层电影城作为娱乐配套也能很好的满足各类商务活动。另外，中行、建行、交行、农行、招行等近十家银行为生活、工作提供便利。

硬件：项目整个外立面采用玻璃幕墙和干挂石材，极具昭示性。主体结构为框架剪力墙，可以自由的组合、分割。超大柱距及4米的超高空间设计，在视觉上令人心胸开阔，尽显公司的大气磅礴。室内采用充足的新风换气系统、中央空调系统，节能环保、有效杀菌净化空气，保证室内空气品质。20台高载容、高智能、高速度的国际品牌电梯，配比充足，充分实现商务效率最大化。

广发银行大厦地处建设大道CBD金融街区，它将以最具速度的商务效率，最具力度的实效精神，展现武汉的城市魅力。它的落成将成为武汉展示华中金融新形象的平台，也是武汉辐射华中及长江经济带，了解世界的窗口。同时，它的开发对片区形象改变及写字楼商业综合体开发理念变化具有深远意义。特别是该项目引入了广发银行武汉市分行入驻并冠名该大厦，提升了项目档次，为吸引更多金融机构和著名企业总部入驻提供了良好的平台。

★中国名盘

2010CIHAF CHINA REAL ESTATE LANDMARKS

远大·未来城

焦作远大置业有限公司·焦作

远大·未来城位于河南省焦作市山阳区，该地块着地约160亩，南临站前路，西临塔南路，北临工业路，东临建设路，其中站前路与工业路有4-5米的高差。地块大致呈狭长四方形。属于焦作市新老城区结合部，目前周边配套设施较为完善、交通便捷。

项目总建筑面积约40万m^2，主要形态有住宅和商业，其中住宅以高档住宅为主，兼顾部分中端产品，是远大公司开发的又一高品质社区，将建成融高档住宅、主题商业街、酒店式公寓等于一体的大型复合体，领跑焦作居住品质，成就焦作最适合人居的家园。

建成后的小区采用立体景观规划，从高层顶部天际线到空中花园，从入户花园的户型创新到屋顶花园的巧妙设置，从组团景观均好性设计到景观参与性的理性贯穿其中，实现本小区在远大南北苑成功开发基础上的景观升级。

小区规划活用以水为主题的景观设计元素，打造一个亲水的天人合一的社区。焦作是一个缺水的城市，南水北调的水源不可能作为景观用水，故本小区采用中水，打造节水、节能，让水景观成为小区的核心亮点。

小区引入“健康管家中心”的物业管理服务升级理念，把看得见的运动场地、器材设置植入到景观设计中，把健康管理的物管服务理念全面升级，突破包括焦作在内的地级城市房地产物业市场管理的软肋。这是一个概念，管理健康从科学运动开始，为本项目入市营销独树一帜。

小区全面升级商业配套设施，临工业路定位为社区商业中心，然后再以“重新定义工业路”作为临街商业街的定位进行招商，项目规划巧妙地将商业和住宅交通东线分离，实现动静分区，则商业街即是社区商业也是城市商业。

远大·未来城秉承南通远大一贯的精工品质，以及专业的开发优势，在项目规划、建筑设计、景观搭建、选材用料等方面，一直坚守“精工”理念，对产品进行品质优化和升级。

本项目建成后是一个亲水的、运动的、以科技生态为主导，以健康管家物业管理为特色的中高端住宅项目，是未来3-5年焦作真正有故事的好房子。

★中国名盘

2010CIHAF CHINA REAL ESTATE LANDMARKS

当代·东湖壹号

武汉道博物业发展有限公司·武汉

当代·东湖壹号项目由上市企业旗下武汉道博物业发展有限公司投资开发（道博物业前期开发的项目有天源城小区、秀水公寓等），由深圳筑博公司进行建筑设计，景观设计则由世界顶级园林设计公司贝尔高林担纲，广州普邦公司主刀力争为东湖区域的名仕阶层倾力打造一个风格独具的湖景生态社区。项目占地面积9万余m^2，总建筑面积22万m^2，共分二期开发。南面一期工程为4栋点式高层，建筑面积5万m^2，现已全部完工并投入使用。目前项目两期规划正在审核中。项目二期工程根据城市规划局要求为丰富城市天际线，树立城市标志性形象，营造沿东湖岸线的城市立面风景，特别设计建筑了一栋45层的超高层楼王。同时为了满足对住宅日照条件的新要求，确保通风和景观视线的流畅，二期3栋花园洋房及7栋小高层、高层及楼王的布局上采用点板结合的方式，形成各种景观及视觉廊道，构成宜人的空间关系，使项目内部围合出更优越的庭院景观空间，塑造出高品质城市空间感。

历程　**沉淀三载，精研东湖稀缺价值**

3年，足够一个城区完成区域升级配备；3年，足够一个地产商大肆圈地进行几轮竞标开发去赚得丰沛的利润。放眼武汉乃至全国，几乎没有哪个开发商像他们一般，在规划方案一次性通过审批之后，以推倒重来的勇气与决心，突破了任何规划方案一经审批，建设单位、开发商不得随意变更的“潜规则”，在不断自我否定，不断自我修改中寻找最佳方案，力求方案的极致呈现。然而，当代·东湖壹号长达近3年的反复修改与积淀，只做了一件事：不断调整更改规划方案。同时严苛于产品的任意细节，并赋予创新。以近乎苛刻的专业态度，竭尽全力为东湖价值增码。没有苛求，就没有卓尔不群。

理念 运营城市，原生创建稀世臻品

为了打造这片22万m^2的名仕专享生活领地，当代·东湖壹号从社会责任人的角度进行思考，从宏观片区的规划上，充分考虑东湖生态景观与建筑群落之间的共生关系，在不断的方案修改中寻找以一个项目的角度诠释城市价值的可能。同时运用先进规划理念，建筑设计采用新简约主义风格。户型设计采用五重景观的设计理念：通过湖景、园景、空中花园、入户花园及270° 阳台景观的设计运用，达到人与自然的和谐相处。景观设计上注重城市景观与小区景观的和谐关系，综合本地块原始坡地结构，锻造四季美景。利用建筑内部底层全层架空，精心打造的生态园林浓缩了东湖自然景致精华，使区景湖景相得益彰，与自然融为一体，小湖、绿地、美树、水色生香、天人共息，演绎了城市与自然的和谐。当代·东湖壹号，以打造一件稀世奢侈品的态度追随心中的理想，致力于构筑完美的城市空间与城市共融发展。

出身 城市央地，承袭百年豪宅之道

随着豪宅产品的不断升级，衡量豪宅产品的标准也在与时俱进、不断变更。资源（包括湖景、山景、江景等）首当其冲，当代·东湖壹号，以前瞻性的眼光重资投入内环线核心地段，雄踞省府中枢，武汉大道起点。周边高等院校、研究所林立，湖北日报传媒集团、湖北省博物馆等环布其中，最为重要的是，紧靠凝聚着3000年荆楚风流的东湖畔，用人文的高度建筑未来生活，实现人居品质现在与未来的统一。一座位于东湖畔的上层钜作，秉承国际豪宅精髓标准，以崭新的规划设计理念进行富于个性的社区居住氛围的营造。这是让历史在现在和未来中延续，使文化在时代交错中绽放异彩。

资金 巨资投入，筑就百年罕世精工

一个真正优秀的房地产开发商，应该具有深厚的建筑文化、城市发展理论和经济发展理论储备，具有地段的眼光、城市的眼光和时代的眼光；不但尊重消费者，也尊重城市“生长”的规律。当代·东湖壹号巨额投入、以打造一件稀世奢侈品的态度，筑就武汉唯此一处的湖居作品，东湖唯一。在苛求的标准下，投入时间，投入资金，投入工程，如此大成本下看上去似乎还无利可图，开发商为何还要多此一举？一个个疑问来自市场、同行、客户，当代·东湖壹号所思所做的，只是从流传百年的角度，树立百年常新建筑的标准，大到社区规划小到产品细节的改良，对每一份细节无不以国际标准完成，犹如瑞士手表的奢华与精致，也如德国绅士的严谨细致。至少在百年之后，东湖壹号仍然是东湖畔唯一的一号湖居代表作，门第的显贵藏入时光，无法复制。

园林 新中式园林，收藏世界级臻美景致

世界顶级园林景观设计公司的作品将如何想象？当代·东湖壹号炫彩呈现。广州普邦担纲这一东湖畔举世艺术创作，以城市景观与小区景观和谐关系的深度洞察，综合原始坡地结构，锻造四季美景。精工打造逾8万m^2生态园林、大手笔打造，人工湖浓缩东湖自然景致精华，使区景湖景相得益彰，与自然融为一体，美学价值在当代·东湖壹号得以完美呈现，水色生香，天人共息，武汉东湖畔，唯此一处。

品牌 强强联手，重塑城市湖居标高

当大多数的开发商追求利润最大化的时候，作为已经成功开发过数个高档住宅小区的道博物业，联手当代集团，沉淀深思，只为将项目打造成一个符合时代，适宜人居的建筑艺术品，而不是一件只为赢利的商品。道博物业总经理刘华对东湖壹号的开发理念进行了归纳：东湖壹号与东湖景观、文化的特质相融，追求开放和大气的建筑特质，与东湖路相适的建筑尺度、与外环境水果湖、沙湖相符的水系特征，腾出更多的空间营造城市花园景观。东湖壹号总体规划结合周围环境，临水建筑多层突出亲水性，临近主路则建筑较高的高层，围合成连续的完美空间序列，使其成为东湖路较为突出的标志。当代·东湖壹号以近3年的自我苛刻要求与积淀向世人展现东湖畔一个时代经典铸造的态度，这正是实力品牌崛起的力量，一如他们始终如一对品牌发展执着的梦想。

如果说湖景住宅是一种生活品质的追求，那么收藏原生湖景彰显的就是一种人生态度。当代·东湖壹号倾力打造唯此一座亲水东湖的奢华住宅，因时间历久、不可复制的稀缺性，超前实现东湖价值跳板，写意人生胸襟。

★中国名盘

2010CIHAF CHINA REAL ESTATE LANDMARKS

鸿发·世纪城

武汉新鸿发房地产开发有限公司·武汉

光谷作为武汉经济中流砥柱，是高科技和高智慧的策源地。中部“8+1”城市圈的蓬勃发展，国家级自主创新示范区的批复，掀开光谷向南极速扩张的格局，伴随文化路和江夏大道的畅通，国际知名企业、科研单位和知名高校纷纷进驻，一个集合高新技术产业和生态居住区的城市中心——南光谷，正在崛起！

鸿发·世纪城洞悉城市发展战略，扼守南光谷“咽喉”之地，拥四面繁华，享八方便捷，站在城市运营的高度，凭借超前规划20年的尊荣官邸，打造南光谷独树一帜的理想之城！

鸿发·世纪城项目位于江夏中心城区门户之地，东临江夏大道，南邻熊廷弼路，西接文化路，北靠沙羡街。项目周边配套设施齐全，江广超市就在社区旁边，更有中国地质大学江城学院、新一中、明熙小学近在咫尺。此外，江夏体育馆、中医院、中百仓储、邮政局、建材市场等优越配套远近相邻。

鸿发·世纪城总占地面积120000m^2，总建筑面积为460000m^2，由18栋22—32层高层建筑组成，是江夏区目前规模最大、品质最高的项目。全框剪结构，首创江夏超薄板式住宅，外墙采用高级面砖，整体建筑极具现代立体感。

项目一期有五栋高层组成，51—184m^{2}房型设计，户型皆南北通透，并开创性的引进入户花园和内阳台设计，创造性地运用国际流行“大面宽”构造工艺。此外，项目引入电梯入户设计，全地下停车设计，从地下停车场可直达住户所在楼层，彻底实施人车分流，充分保障住户居住舒适度。项目共设置4个入口，人行入口和车行入口分离，能充分保障住户出入安全。

项目商业总建筑面积60000m^2，逾20000m^{2}商业门面，集特色美食、购物、娱乐、休闲于一体。商铺外设生态型停车场，充分满足客户停车需要。一期商业主要是沿熊廷弼路和沙羡街的门面，区间可自由分割，能充分满足您的投资需求。

项目绿化率达到37%，聘请知名景观设计公司，以南北景观轴为主线进行环境设计。项目毗邻江夏最大花园式广场——世纪广场，能满足您健康生活享受。

整个小区由国内知名物业管理公司实行全封闭管理，入口均设有监控室。项目内部配备有红外线监控、电子巡更系统、门禁及安保系统、IC卡识别系统、可视对讲系统，为您提供全方位的生活保障。

本项目以城市运营的高度，配备有江夏唯一一所双语幼儿园，为您的孩子打下坚实的基础。还配备有高级会所，提供各种休闲娱乐设施。更配备有江夏唯一的五星级酒店，一站式生态商业街，可以让您在世纪城内即可独享时尚都市生活，为您打造一座真正的理想之城。

★中国名盘

2010CIHAF CHINA REAL ESTATE LANDMARKS

原乡墅

青岛海尔地产集团有限公司 · 青岛

原乡墅，故名思义，源于您内心深处最初那一抹乡情印象，是海尔地产对新东方主义的完美诠释。海尔地产秉承“用心营造幸福生活”的理念去发掘我们对住居生活最原本的追求，传承东方主义，并将其提炼升华，从而诞生了有着浓浓时尚情，淡淡原乡味的——海尔·原乡墅。

项目位于青岛东北部温泉旅游度假区内，北临温泉一路，南临四舍山。总占地24万m^2，总建筑面积10.9万m^2。分三期开发，一期总占地7.2万m^2，总建面3.3万m^2。社区北侧主入口中间位置为约6000m^2会所，涵盖特色餐饮、日式温泉、配套超市、客房等，是您闲暇休闲的绝佳去处。会所的西南方配有幼儿园，让孩子们在这里也可充分感受田园的气息。一期共116套别墅（独栋22套联排94套），以会所为中心向东西展开，面积在180~290m^2不等，院落也据别墅面积大小由80~500m^2不等。室内全部精装修，装修标准为3000元/m^2，您无须为装修的琐碎费心、费力，只须享受惬意生活。独栋三层带电梯，客厅挑空设计，彰显尊贵雅致。庭院草坪简装，这样您可以设计您的阳光庭院。

新东方主义现代设计风格，外立面由天然毛石、木材以及崂山山石原色涂料的手刷外墙组成，突出了新东方主义的现代与古典相结合，典雅、大气。大院落，宽露台的奢华享受。0.38的超低容积率，舒适度更高，时光如流水般缓缓流淌，悠然自得。适度的人车分流设计，由北侧两主入口进入后，车行、人行井然有序，沥青路面也使行车更加舒适安静。

园林景观方面，我们聘请知名“深圳朗石景观公司”倾情打造，绿化标准高达600元/m^2，在景观上采用乔、灌、花草等植被相融合，层次分明，错落有致，能够让您身临其境地去感受小中见大的意境。将建筑硬朗的线条，用50%的绿化景观加以柔和。区域内天然冲沟形成的水系为源头依地势形成近20米的高差，呈人字形延伸，沿水系是贯穿整个社区的人行步道，沿路的绿化景观因不同时节演绎原乡不一样的美丽芬芳。项目东西两侧为广阔的大地景观、生态果园，可以让您亲身参与劳作、耕收，重温曾经的喜悦与感动；大片花田景观在春末秋初时节，色彩斑斓；南侧四舍山绿意浓浓，“采菊东篱下，悠然见南山”也不过如此景。

社区的物业是由海尔旗下万海物业提供，服务贴心、周到，同时U—home智能家居的进驻使社区品质更高，生活更加便利、安全。智能家居、智能社区、信息服务、可视对讲等先进功能与日常生活相融合，将完美住居生活这一理想变为现实。

原乡墅优越的地理位置，独有的温泉资源、原生态的乡野景观、高科技家居配套，新东方主义的精神内涵、良好的住居品质，使居住不再是一种需求，而是心灵深处的拓展延伸。原乡野必将成为未来住居生活的典范！

总体项目介绍

海尔集团旗下的海尔地产采用“双核一芯”的开发、规划理念，“新东方主义”的思想内核，打造海尔地产进入天津的第一个新东方主义作品——海尔家国天下&风尚英伦，利用文化价值创造项目附加值。新东方主义是东方的审美传统，西方的现代精神加上艺术家的时尚创造，三者正在汇聚成一种似乎不可阻挡的新的文化艺术融合模式。“新东方主义”代表着一种未来文化和艺术的融合趋势，这种艺术融合所产生的是一种渗透了本土文明又海纳百川之后的特殊审美，代表着钟情现代和怀思过去的双重审美情趣，代表着东方文化对西方冲击的积极回应，既有共性的内敛也有个性的张扬。

在天津，海尔地产以恢复中国人居不能缺失的文化内涵为初衷，立基于国家艺术，在规划、园林、建筑及空间等载体上全部呈现，取其精神，赋予现代形态，谓之家国天下；打开视野，把西方城市人居文明的成果纳入国人生活，深切思考后现代生活状况，结构出新一代适合于未来的住居系统，谓之风尚英伦。

项目区域体量

海尔家国天下&风尚英伦，位于天嘉湖大道和唐津高速交汇处，占地面积近900亩，建筑面积80余万m^2，风尚英伦项目一期的容积率为1.1，家国天下项目的一期仅为0.6，超低密社区。双核一芯的规划理念，创新规划、真正的国际化社区。

社区形式规划

项目南侧为家国天下别墅类产品，以中式造城为规划理念，创造中式生活模式及空间形态，命名“家国天下”；项目北侧为洋房类产品，以新城市主义为规划理念，创造英式生活模式及空间形态，命名“风尚英伦”，形成“双城双核”的对照性规划。南北双城中间地块设计会所及商业街，命名“东西市”，为整体社区提供配套服务。“东西市”两端为体现中西文化特征的书院和俱乐部，使东方新古典和英伦新古典两种风格的建筑产品相互辉映，形成街区、住宅组合的完整社区模式。以“双城双核”为核心理念，创造宜人、和谐、舒适的高尚文化社区。区域内还有较完善的教育配套：知名小学和双语幼儿园。

家国天下

“家国天下”项目彰显国家艺术，新东方美墅。项目为联排别墅产品，小区内园林水系贯穿。东方意匠风格，建筑组团则组院勾连，围合延宕，井然有序。礼序门庭，前中后三重庭院，三段进阶，举步近前是归家的仪式感。每一个房间均体现家庭亲尊，长幼有序；南北通透，且动线清晰，畅然和乐一堂。主人为上，户户主卧套设计。低密社区，禅意园林，公共园林以写意手法勾勒，运用隐喻与象征的手法，在极简的空间内写意出广阔山水，唯美清远。电梯美墅，专注于主人的尊崇感表达，家国天下联排美墅，设计了只有独栋别墅才有的电梯专属。三层、亲地性美墅本已稀缺，电梯加身，足见“主人为上”的设计用心。宽景明堂，南向大面宽客厅，带来宽阔视野。

风尚英伦

风尚英伦项目梦幻原乡，新英伦创意洋房。项目为洋房产品，分为退台和不退台两种类型。英式原乡田园谧境，低密度产品高绿植覆盖率。坡屋顶，老虎窗，英伦风格明显。私密闲适的院落与时尚韵动的街区，动静相接，围合的洋房组院。创意小品，大型主题景观 。稀有五层电梯洋房，一部电梯两户专用，层层退台，赠送露台。海尔数字化家居，创意精装。

社区服务体系

海尔地产可以享受海尔高档产品的专属应用，海尔业主还可以专享U-HOME家居系统和智能物联网系统，打造出一个科技低碳的高端社区。

区内以组团为单位，设计环形道路，实现局部人车分流，非机动车及人行从主出入口，斜向进入南、北两区，形成网络化连续的步行系统。外围环路设地上停车，别墅类住宅设院内停车，高层区设地下车库停车。

★ 中国名盘

2010CIHAF CHINA REAL ESTATE LANDMARKS

家国天下&风尚英伦

青岛海尔地产集团有限公司・天津

★中国名盘

2010CIHAF CHINA REAL ESTATE LANDMARKS

临天下

青岛海尔地产集团有限公司·临沂

临天下由海尔地产集团开发，位于山东临沂市北城新区，毗邻市政府和25万m²的城市中央公园——五洲湖公园，总占地面积约11万m²，总建筑面积约23万m²，容积率1.74，产品包括联排别墅、小高层、湖景高层、沿街商业及会所，将打造城市中心区理想的低密度人居社区。

北城新区作为临沂的城市新中心，是临沂新的行政、商务、文化、会展、居住中心，亦是临沂未来最繁华的中央区域，荟萃临沂最国际化、最完善的市政、商业、交通等无可复制的资源，成就临沂的“心脏”。

在项目周边，博物馆、艺术中心、展览馆等市政资源众星璀璨，规划的临沂一中、临沂一小等重点学校簇拥，25万m²的五洲湖公园湖光山色，美不胜收，与项目有机相融。同时，区域内路网四通八达，道路宽阔气派。未来生活和居住在此的人们，可以轻松掌控万千优越不可复制的城市资源，谈笑间以观天下。

除了众所周知的海尔品牌、市政府旁绝版地段以外，临天下以“创新半岛组团社区、创新人车分流、创新台地别墅、创新大面宽、创新多重庭院、创新全明空间、创新科技系统、创新都市生活”等八大创新，成就临沂的阔景首府世家传奇。

第一，创新半岛组团社区。社区内规划景观水系，以三条景观横轴（水轴）和一条景观纵轴（水轴、绿轴）为界，在形态上构成了一个“王”字，暗喻王者归来、君临天下，并将社区有机分为4大半岛组团，湖泊、驳岸、码头与建筑和谐共生，使建筑宛若风景，使居者诗意居住。其水流之清秀，规划之别致，境界之静美，令人爽心悦目。

第二，创新社区内部人车分流。作为临沂首个社区内部人车分流社区，别墅组团内绝无车行道，井然有序，营造“结庐在人境，而无车马喧”的高品质住区氛围。

第三，创新台地别墅。运用国际前瞻性的建筑设计理念，依托地势，层层抬高，首层地平比外围车行道抬高达2.4-3.1米，不仅有效屏蔽噪音，大大提高生活私密性，更营造归家的仪式感，彰显主人的超凡尊荣。同时，营造出层次鲜明的建筑外观，凸显视野开阔的内部空间，由外至内，张扬主人无与伦比的自豪感。

第四，创新设计9-12米大面宽。临天下阔景首府，9-12米超大面宽设计，绘就前所未有的城市优美景观，充分拓展居者的超凡视野与宽广人生，彰显豁然开朗的奢华尺度。同时还设计了近7米挑空起居室，礼仪空间豪华阔绰，高贵与奢华共享。

第五，创新设计多重庭院。每户别墅均精心规划前院、后院、中庭院三重院落，让室内与室外自由延展，尽享居住的诗意与自然。前庭院是缓冲带，让工作与生活开合有度；中庭花园是露天起居室，举手投足间即可触摸自然；后花园完全是私属领地，或养殖耕种、或娱乐休闲，尽在其中。双拼别墅楼王更拥有私属电梯、超大私家庭院和私家水岸线，彰显主人无可替代的成就感。

第六，创新全明空间。临天下所有别墅均为全明设计，明厨、明卫、明厅、明卧，通透大气。所有主卧均为南向，都设计有卫生间，温馨更私密。动静分离的人性化设计，开启非凡生活尺度。

第七，创新12项国际领先的高科技集成体系，引入户式VRV中央空调系统、太阳能分户热水供应系统以及U-home家居智能平台等12项国际领先的高科技系统，以零缺陷的品控标准，精工筑精品，定义未来人居生活。

第八，创新“半城繁华、半城静谧”的高品位都市生活。与临天下17万m²精品住宅区一路之隔，是海尔地产的高档商业区——尚码头，二者将共同组成超大规模城市综合体，荟萃城市别墅、滨湖高级公寓、酒店式公寓、风情商业街、写字楼等，为临沂缔造一个缤彩纷呈的国际化都市生活中心。临天下业主不仅享受高品质别墅产品，更将尊享综合体巨著带来的便捷时尚都市生活。

依托海尔品牌，立足临沂城市核心地段，凭借“八大创新”，临天下将全面推动临沂城市形象升级，构筑临沂城市新地标，使世家首府传奇成为永恒。

紫薇·曲江意境，33万m^2精英国际城。传承紫薇地产14年筑居之大成，秉承精品开发理念，以豪宅尺度定制奢华舒居。继紫薇·永和坊之后，于大曲江新中心，再创国际化曲江人居新传奇。

紫薇·曲江意境，位于芙蓉东路与寒窑路交汇处东北侧，地处大曲江的核心地段，5分钟直达曲江大道、曲江立交，雄踞城市三环骨干交通，交通便捷。项目距南湖直线距离不足1公里，距寒窑遗址公园400米，更有唐城墙遗址公园，新区重点规划建设区——杜陵遗址公园、数字传媒公园等环伺左右，5大公园环抱，实属城市之中不可多得的生态绝佳地，其中浩瀚烟波，绿意葱浓，营造出高于其他区域的负氧离子含量，悬浮物微粒超低含量的宜居之地，紫薇·曲江意境优享曲江如此得天独厚的生态之美。毗邻大唐不夜城、新乐汇、华润万家等生活配套，咫尺繁华，畅享城市顶尖资源。收揽曲江一小、曲江一中、铁一中等顶尖教育资源，且社区自有国际双语幼儿园，社区西南侧规划大宗教育基地，国际化高端教育配套完善到位。

《曲江新区扩区发展规划》方案出台，明确提出了曲江新区的面积将增加一倍，将建设主题旅游与文化商贸区、会展商务与传媒出版区、影视演艺与科教创意区、遗址博览与生态创意区、娱乐运动与休闲度假区等五大功能分区。到2015年全面建成国家级文化产业示范区。届时，交通、教育、医疗、商务、商业、生态等人居综合配套将进一步全面升级。更加完整的城市功能配套，平衡了商务、商业、生活的人居要素，在短短几年后，终将成为“最适宜居住”的人居模板。而位于最具发展潜力的大曲江新中心的紫薇·曲江意境，必将享有得天独厚的中心地段之利，成就更大的人居价值，为心泊曲江的精英阶层，成就理想人居的最佳选择。

紫薇·曲江意境占地137.1亩，总建筑面积33万m^2，绿化率40%，由16栋18-33层的类板式高层组成。建筑布局呈现西部围合、东侧开放的空间意向，以类板式高层建筑形成错列式样的动态空间。作为紫薇地产精英阔居产品线的升级之作，紫薇·曲江意境在设计之初，无论是建筑立面还是室内空间设计，均经过反复考量，以豪宅尺度定制。

建筑群落汲取“美式学院派”与“乔治王朝”之精髓，品位高格，气质自显。150—220m^2奢华舒居，类板式格局，南北通透，通

★中国名盘

2010CIHAF CHINA REAL ESTATE LANDMARKS

紫薇·曲江意境

西安紫薇地产开发有限公司·西安

风采光无以匹敌；引入空中花园，实现现代高层与传统庭院的兼容并蓄，收纳自然风光于室内；更能展示居者生活创意，花房、健身房、儿童游乐室……随心打造这一自由空间，呈现美好生活。超大观景阳台，让视域开阔，远眺更多风景；室内空间尺度奢阔，对位奢适居住需求。除此之外，紫薇·曲江意境坚持紫薇地产多年来一直提倡的低碳环保理念，在建筑新技术方面注重太阳能等多种低碳节能技术的应用，将照明、热水等生活必需消耗减到最低，为业主节省生活成本的同时，也为保护地球保护环境贡献一己之力。

奢适居住，从来不会缺少风景的点缀，对于一个高端社区而言，园林景观无疑是社区整体建筑的点睛之笔。紫薇·曲江意境在中心园林的规划上，依原生地貌为设计雏形，借鉴台地园林的经典造园手法，独创五层台地式立体园林景观，于俯视美景间传承尊贵气势！景观中心融入溪流、跌水、坡地、亭台、小品等元素，与绿植、花草相映成趣。拾级而上，景致层叠变换，一层一景，入眼各有不同，实属颇具新意的“趣谷”景观空间。

高品质的生活，离不开专业的物业管理服务。紫薇物业，14年品牌保证，一站式全程服务体制。在社区入口附近设置一站式物业便利岛，细心入微，用心服务每一位业主。地下大于1：1的停车场位，奢华配套保障专属享受，让您无泊车之忧，彰显品质生活。

紫薇·曲江意境，豪宅尺度，奢华舒居，为心泊曲江的精英阶层，定制舒居梦想，完美注解意境人生。

紫薇·山庄位于风景秀丽，胜景层出的西安市秦岭北麓，紧邻沣峪口交通枢纽，距西安高新技术产业开发区车程仅20分钟，项目总占地1075亩，规划设计充分尊重项目地块内原有的动植物资源，完好保存原生百年古树及果树6400余棵。山庄内有自然形成的常年流动的山泉、小溪汇聚而成110亩文化湖、子在川、小蓬莱三大水系；山庄团队联袂多家国际顶尖设计事务所规划设计了涵盖商务聚会、娱乐健身及休闲养生等多个功能独立的高端度假商务中心，打造秦岭板块首屈一指的山地休闲度假标杆生活区，满足了隐贵阶层对品质生活的完美苛求。

紫薇·山庄【山】系别墅庄园规划用地400亩，由山境、品山、山语和山居四大产品系组成，拥有西安罕见的0.16的超低容积率，园区内绿化率大于80%，规划团队根据项目所在区域的气候特征及综合资源优势，汲取世界名宅比弗利山庄贝肯山等世界同一纬度山林别墅设计精髓，融合秦岭山体资源景观与欧美山林建筑特色，最终确定了最适宜秦岭地区山居生活的欧美山林建筑风格，所有建筑均依山势而起、随山水景观而动，创造出“山屋共融、景随山动”的视觉效果，将原生态山居生活的建筑理念完全融入到你的梦想生活中，让项目变成真正意义上的“生长于秦岭里的原生态建筑”。

根植本土十四年，紫薇真正懂西安。紫薇地产以虔诚之心在“世界地质公园”，为当今居者、隐者与智者奉献115栋原生居所。这将是真正完美和野奢的山居生活表达方式，人、城市和山林，在继承传统文化理念和精神追求的前提下表达出与自然的和谐共处，将建筑作品与磅礴的山脉完美融合，回归人类心灵深处的山居向往。

★中国名盘

2010CIHAF CHINA REAL ESTATE LANDMARKS

紫薇·山庄

西安紫薇地产开发有限公司·西安

紫薇·山庄【山】系别墅庄园的产品设计跳脱了单纯的资源堆砌，规划中将每一块土地的价值发挥到极致，强调建筑规划与平面布置对地形地貌的发掘和利用，比如，利用地形与地貌的特点，规划出一条充满仪式感、80米宽的景观大道，对横亘地块南北方向的数条山涧及景观长廊进行利用的同时对原生古树形成最大程度的退让，户型平面设计则强调空间和平面布局的流动性，L型和U型的创新性户型设计最大程度地将窗外美景带入主人视野；园林的设计既考虑山水财运在中国风水传统中的植入也注重自然山林的远景、中景、近景在道路系统和庭院设计中尺度的把握……

【山】系别墅庄园对地形地势的利用同样经过了深入思考，通过不同山林流水相连将组团之间自然分隔，在独栋别墅中形成了滨湖、半山、山顶等多个别墅组团，在这里，建筑不是视觉的焦点，而是取景的画框，自然的山水花草成为主体，而双折线屋顶以及尖顶的精巧布局，建筑外立面实木外墙与毛石基座墙面的自然结合，更将惬意休闲的原生态山林式建筑风格完美诠释。同时，成熟运营的四星级酒店配套、即将启动的12000m^{2}国际运动健身娱乐会馆、3100m^{2}的圈层休闲养生场所……构建了居者身处山林而无生活之忧的配套体系。

秉承了紫薇地产一贯坚持的绿色低碳理念，【山】系别墅庄园在产品设计中注入了大量的节能环保技术和材料。每栋别墅独立安装的地源热泵采暖制冷设备，将大大降低能源的消耗；采用同层排污、外墙外保温等成熟技术，及多重安防体系，为业主营造出安全舒适的生活空间；突破性的使用温屏节能玻璃，其保温效果和透光性更好，在秦岭乃至西安的别墅产品中实属罕见……

综合稀缺的秦岭山体资源、纯粹的欧美山林建筑风格和紫薇地产强大的品牌优势，紫薇山庄必将改变秦岭地区高端别墅项目缺乏领头羊和标杆产品的传统格局，为秦岭板块乃至整个西安的高品质高端别墅市场树立新的风向标。紫薇在秦岭的原生世界中，为西安再造一处城市的归宿，城外的山，林中的园，坐看云起时，心事两悠然……

卓达香水海2000万m^2国际滨海新城

卓达·香水海总规划2000万m^2，分享12公里“金滩”黄金海岸，近揽万亩松林，坐拥生态湿地；规划8000亩中心内湖“香水海”，东西两岸规划九座异域风情岛，形成“一海九岛”新世界。

卓达·香水海西岸环高尔夫体育休闲公园规划英伦、北美、地中海、北欧、东南亚和澳洲六大风情岛，东岸则由“未来理想世界”三座主题岛组成，各岛建筑异国风情社区，生活融合世界文化大观。

亿吨级卓达张家埠新港、万亩中国先进技术装备园区，形成港口拉动临港产业——产业地产带动香水海繁荣的互动式发展，全力建设一座生态之城、文化之城、旅游之城、养老之城、产业之城，缔造“中国第一、世界一流”的国际滨海新城范例。

1. 国家一级物业：卓达物业17年金牌服务，实现24小时安保，提供管家式服务，丰富文化生活；秉承“爱在卓达，孝行天下”的理念，首创“全龄化服务型养老模式”，让生活“老有所养、老有所乐、老有所医、老有所为、老有所学、老有所安、老有所惠”。

★中国名盘

2010CIHAF CHINA REAL ESTATE LANDMARKS

卓达·香水海

卓达集团·文登

2. 湖海景观绿化：城环湖、湖连海，游艇码头、商业步行街、林荫大道以及社区廊道对通水系，城市处处临水似岛。滨水绿化带、城市公园、道路组团绿化带实现景观三级绿化，生态湿地+天然植被造就80%城市绿化率，有效降低城市热岛效应。

3. 公共配套设施：城市级、居住区级和社区级三级配套，涵盖休闲度假中心（马术俱乐部、游艇会、海洋公园、高尔夫球会、五星级酒店群）、商业步行街、服务中心、全龄化学校、体育活动中心、医疗门诊、物业服务、商业会所等市政设施。

香水海项目一期英伦湾——20万m^2纯英式花园洋房社区2010年底交房（完成销售90%以上），二期60万m^2欧陆风情（苏格兰城、北欧小镇）已全面开工，2013年交房。同时，另有207万m^2异域风情建筑择机在2010年底启动。

作为卓达·香水海国际滨海新城的重要组成部分，市政和配套工程建设也超前发展。目前高尔夫练习场、马场、海洋公园已投入使用；独具特色的水景高尔夫球场即将开始基础施工，占地8000亩的香水湖正在不舍昼夜的建设，英伦湖、香水湖也即将竣工；国际康疗中心以及国际学校已完成方案设计。投资2亿元，连接香水海东西两岸的滨海路跨海大桥，正在进行施工图设计；贯穿香水海东西两区的路桥工程已全面通车。

卓达·三溪塘项目坐落于有“津门首驿”之称的河西务镇，该镇地处天津市武清区北部，运河西侧。河西务为千年古镇，具有浓厚的文化底蕴。驿站、漕运、衙门、书院四大文化延绵千年，并以生态、文化、颐居三大特色享誉京津，是不可多得的养生之地。本案距北京和天津各60公里，素有“京东第一镇”的美誉。其地扼京津咽喉，毗邻河北的廊坊、香河，古为四战之地，地理位置十分显要。

项目规划总占地面积1399亩，分两期开发。一期占地610亩，一期约160000m^2，其中独栋工作室250套，为2—3层的建筑，共约100000m^2，住宅23栋，为11层、6层的电梯洋房，建筑面积约60000m^2，目前已建成32000m^2，伴随工程进度即将推出106500m^{2}的产品。本案东临北运河、西接凤河，项目内水系环绕。在规划中取法自然，追求天人合一。根据项目的地形地势，巧妙营造出北高南低的环形溪流布局，形成三水环绕，一溪独享的岛居氛围，塘畔岛居的生活意境油然而生。

卓达·三溪塘作为文化创意园的首期项目，作为京津两地的艺术家聚集区，以发展文化创意产业为立足点，通过建设艺术家工作室聚集区、艺术公园和综合配套服务区等六大模块，搭建融艺术创作、交流、交易、展示、收藏、特色体验商旅等功能为一体的文化创意产业公共发展服务平台，承接京津两地的艺术外溢。通过举办艺术展览，艺术沟通会和相关的论坛沙龙来促进业主之间的交流，形成了一个具有浓厚文化气息的社区。

卓达·三溪塘项目周边路网非常丰富，103 国道、京津塘、京津二线、京沪、京沈高速等多条高速路在本案附近穿过，交通十分便捷。距北京国贸45分钟车程，到北京机场、天津港、天津滨海机场车程都在1小时以内。本案距天津、北京市中心各60公里，离北京界仅7公里，在北京规划的七环范围内。随着北京城市外扩步伐的不断加速，未来将具有极大的发展空间和上升潜力。

卓达·三溪塘项目建筑风格为现代简约的独栋设计风格，注重简约而脱俗的外立面表现，通过线条和灰白的颜色对比，体现出自由和放松的生活方式。在建筑设计中，广泛采用下沉式庭院、大面积的落地窗、户外景观长廊、亲水平台，使人、建筑、景观、水系有机的融合，展现出多层次的“全景式”感受。

现代别墅内部的布局，注重完整而灵活的空间，功能分区的界定完全由客户自行掌控，在别墅中体现为富于体验的行走感受，成为别墅奢侈的价值感的表征，从而充满着艺术意味的交通空间。别墅层高均在3.15米以上，最高达到3.3米，局部挑高4.5米以上，洋房为3米，充分保证了空间尺度的舒适感。

C、D岛的别墅全部为双客厅设计，实现居住理念的升级。下沉式的大客厅面积最小45m^2，既可以做工作室，又可以作为私人聚会的场所，更加实用和自由。

2010CIHAF CHINA REAL ESTATE LANDMARKS

卓达·三溪塘

卓达集团·天津

户型设计特点概括为：功能分区明晰；起居、会客、餐厨三条动线组织合理；空间尺度适宜；露台、层层退台与景观的结合性良好；方正、全明、通透。

社区内水系长度3500米，水系面积31270m^2、水系落差1米，水系循环以自然高差循环。水系设计为不规则自然的活水系，设计层层跌水，并结合山石驳岸做法，形成独特的亲水平台设计，营造出一种悠然自得的生活情趣，再现千年兰亭遗风。

社区商业配套位置在邻103国道西侧，配套商业面积达到3万m^{2}左右，包含艺术家俱乐部、艺术会所、健身会所、室外运动场、小型超市等。艺术家俱乐部内设置艺术展厅、高档中西餐厅、五星级VIP套房、雪茄吧、红酒廊、商务中心等。健身会所内设置小型泳池、羽毛球、沙狐球、台球、乒乓球等；室外运动场由网球场、篮球场等组成。

★ 中国名盘

2010CIHAF CHINA REAL ESTATE LANDMARKS

青格里花园

鲁班集团・青河

项目概况

“青格里花园”位于美丽的西域边陲青河县内，占地339亩，总建筑面积约34万m^2，社区依山傍水，周边风景秀丽，是青河县内地标性城市优居尚地！

社区结合人文景观以及地域文化的特点，将现代建筑风格的大气、简约的特点与哈萨克风情的修饰相融合，呈现出富有哈萨克风情的经典建筑气息，并引入青龙河活水水系，提升居住空间价值。

项目的特点及优势介绍

1. 项目功能定位

本项目依山傍水，由公共服务区、怡静居住区、综合服务区和娱乐休闲区四大区域构成，集商业、文化、休闲娱乐等多功能城市配套服务于一体，打造自然风光与人文景观相结合的新高度。

2. 项目形象定位

本项目为青河县地标性建筑，倾力打造多功能一体化大型精品社区。社区的整体建设根据周边环境的特点，取其精华，形成错落有致、清新、别致的建筑风格。整个小区融入周围的自然景观，可以改变区域内的面貌，极大的提升青河县的整体市政面貌。

项目各环节的创新介绍

1. 总体布局

在项目的规划设计阶段就树立起保护生态，注重环保，节约资源，体现民族特色的指导思想，将当地的地理、民情与项目规划、建筑设计有机的结合起来，根据小区地形特点设置休闲设施、绿化隔离带等设施以方便人们休闲娱乐，打造出融自然、建筑、人文、心理需求于一体的人居环境，推动青河县人居建筑环境建设全面、协调、健康、可持续发展。

2. 小区环境设计

小区环境建设以节能、节水、节材、节地环保为设计理念。坚持以人为本的设计思想。建设小区内广场、人行道、绿地等相互呼应、浑然一体，充分体现出与自然环境的协调，打造出最佳的人居环境。

项目的品牌建设和社会影响力

社会效益评估

2010年房地产业高速运行，受国家宏观调控影响，各地区增加土地供给，使今年大批量土地投入建设，而青河县是阿勒泰地区的重要经济开发区，其房地产的开发大大促进了阿勒泰地区经济的发展。“青格里花苑”就是在这种情势下应运而生，为改善青河县人居环境，增加城市市政建设，具有及其重要的意义与作用！

缩小沿海城市与内地城市的经济差距、缩小一线城市与二线城市的经济鸿沟，最终实现社会和谐、建设和谐社会。改革开放以来，随着经济的发展，国人的生活水平大大提高。与此同时，也出现了沿海差距、城乡差距、居民差距日益扩大的趋势。而扩大新疆生产建设，真正具有发展潜力的是二线城市，因此拉动二线城市的发展为新疆的发展驻足动力。

产品品质评估

本项目位于阿勒泰地区青河县东北端，环城北路以南，团结路以北，友好路以东及青龙湖公园以西所围合成的片区内。

占地面积约339亩，宗地建设面积约为205436m^2，容积率最高可控制在1.7，最小绿地率为40%，实际总建筑面积约34万m^2。

规划用地南侧已形成规模的商业街和大片已经成熟的居住区，生活设施齐全。

交通道路四通八达，市政设施齐全。

东侧紧邻风景优美的青龙湖公园，为提升小区居住环境提供有利条件。

建筑形态有多层、小高层类型，园区内有商业街、休闲会所、医疗机构、幼儿园等现代生活设施。

现代建筑风格大气、简约的特点与哈萨克风情的修饰相融合，色调上则赋予了当地人文景观以及地域文化的特点，在视觉上具有一定的都市感和亲和力。

项目主要技术经济指标

规划用地面积	269046m^2
建筑面积	384331m^2
居住建筑面积	350606m^2
公共建筑面积	33725m^2
居住户数	3240户
建筑密度	23.8%
容积率	≤1.43
绿地率	40%

项目建设中应用的新技术、新科技、新材料说明：如节能环保措施，污水、垃圾处理技术，智能化设施等。

1. 节能

根据《住宅节能设计标准》的要求，青河县是属于严寒地区，建筑采用外墙外保温技术，外门射门都防止冷风渗透，窗户采用单框三玻塑钢窗等措施，热工性能必须满足建筑节能65%的要求。同时预留太阳能热水器安装接口，推广环保绿色能源的使用。

2. 环保

建设施工期间，采用商品混凝土，减少现场混凝土拌合梁，降低粉尘污染。控制夜间施工时间，减少施工噪声对周边居民的影响。提前埋设排水管口，做好施工期间施工及生活的污水排放工作。

3. 消防及安全

小区主路供水管道沿线，每隔120米设一座消火栓水井，共建及高层住宅设消防栓系统及火灾报警系统。小区出入口设保安值班室及电子门禁系统，小区各公共区域设电视监控系统和小区巡更系统。

★ 中国名盘

2010CIHAF CHINA REAL ESTATE LANDMARKS

溪山御景

贵州铭星房地产开发有限公司·贵阳

"溪山御景"——贵州铭星房地产开发有限公司投资开发的花溪区首个公园地产复合型示范项目。项目位于贵阳首个城市湿地公园上游，与花溪公园、黄金大道、平桥景区等著名景区咫尺之遥，毗邻花溪迎宾馆、花溪农业观光带、生态景观设施及青少年活动中心、会展中心等大型设施，花溪大道、甲秀南路直达项目，可谓环境优美，交通便捷。

项目总用地约303亩，其中建设用地约216亩，容积率约2.08，总建筑面积约为30万m^2，总居住户数约1600户，居住人口约6000人，是当今世界普遍公认的最佳居住小区规模。

溪山御景强调人与自然和谐共生的居住理念，结合丰富多样的坡地景观，精心打造"天街TOWNHOUSE"、"上层VILLA"、"雅集soho"三大系列产品（一期）。40000m^2的私家山体健身休闲公园，约8000m^2节能低碳广场，50000m^2城市级休闲主题商业街、并斥巨资打造国际化玩意休闲mall、篮球场、网球场、恒温游泳馆、品牌幼儿园、品牌小学，让"溪山御景"业主享有国际级城市上游生活。

溪山御景倡导低碳节能生活方式，地源热泵、太阳能光膜发电系统、住宅新风等优质建材的运用，充分展现溪山御景的品质感和对业主的责任感。

溪山御景注重对业主的人文关怀，引进品牌物业服务，创办社区杂志、社区网上论坛等业主交流平台，力图营造邻里关爱的亲情社区。

溪山御景自2010年面市以来，不断赢得社会的认同，先后取得“中国贵州名盘”、“中国绿色生态楼盘金樽奖”、“中国绿化环境奖”、“中国名盘”称号。未来几年里，溪山御景仍将坚持“负责任，有担当”的开发态度及时代前沿的开发理念，全力打造新贵阳新花溪的优质人居样板。

溪山御景——湿地之源、广亩新城，为您而来!

南方·玫瑰城，位于重庆两江新区核心都市综合功能版块——渝北回兴，系重庆南方集团2010年鸿篇钜作。扼重庆北部中心门户，区域优势得天独厚。其产品涵括湖滨独栋别墅、联排别墅、湖滨洋房、精致花园小户、公寓、酒店、商业街、大学生创业园等全物业形态，住宅主力户型建筑面积区间为53—120m²。

南方·玫瑰城总占地面积达60万m²，总建筑面积100万m²，平均容积率为2.4左右，绿化率达到了40%。南方·玫瑰城与南方翻译学院及医院等公共建筑共同组成160万m²城市综合体，引领两江新区。

南方·玫瑰城在建筑节能低碳环保方面，节能率达到65%。每栋楼首层层高达到3.3~3.6米，充分提升了居住品质，房屋窗户采用铝合金+中空玻璃材质。南方·玫瑰城外墙采用环保耐酸、碱漆材质，使外立面整洁，不掉色，小区采用全质高效品牌电梯——三菱电梯，整个小区采用智能化设备，24小时电子巡更、闭路监控及周界防范、背景音乐等高科技服务，让业主有一个安全、温馨的家。

南方·玫瑰城交通非常便利，距江北国际机场4公里，寸滩保税港约3公里；十几分钟便可到达龙头寺火车站、观音桥、南岸区、渝中区等商业中心；轻轨3号线、619、683、688、687等数十路公交经过本项目及周边，部分公交车还将穿行于项目内项目出入口设有公交车站；扼守机场高速、319国道、渝怀铁路、金开大道等立体交通网络，轻松拥享都市生活。

2010CIHAF CHINA REAL ESTATE LANDMARKS

南方·玫瑰城

重庆南方集团有限公司·重庆

南方·玫瑰城以其独创全程的优质教育地产，开启重庆地产发展新时代。全程教育地产与普通教育地产有着本质的区别，它不像其他教育地产那样仅仅引进一、两所中小学作为项目的基础教育配套，而是将从幼儿园到大学甚至老年大学所形成的教育产业链与房地产业完美结合，并将地产项目融入校区，除基础教育以外，还融入艺术教育和人文教育，校区内的各种文化教育资源与业主共享，形成一个真正的校园住区。

全程教育内涵非常丰富，它纵向规划有托儿所、双语幼儿园、重点小学、中学、艺术中专、本科大学、职业教育到老年大学整个人生全程教育；横向教育内容涵盖文化基础、艺术、素质、语言等等全方位教育体系，为业主营造一个活到老学到老的环境与资源平台。

目前全程优质教育体系已全面启动，与重庆首批示范小学——渝北实验小学成功签约，打造玫瑰城新校区。接下来将会重金引入国际品牌幼儿园、中学与现有教育资源形成全程优质教育体系。

南方·玫瑰城的建筑风格秉承新英伦建筑的高贵与优雅，部分建筑采用坡屋顶外观，温暖的色彩搭配，英式建筑符号的线条。采用现代、厚重、高档的建筑材料，典雅气质无声传递，完美演绎浪漫英伦风情。南方·玫瑰城将运用18种玫瑰打造主题园林景观，创建玫瑰花房，最终形成“世界玫瑰园”。

南方·玫瑰城的运动设施更为丰富：标准游泳池、各类球场、环形步道、塑胶运动场、数个室内运动场所等康体运动设施，让业主康体健身方便自如。项目配套设施完善，业主高贵典雅社交轻松拥有。有超过上万平米会所酒店，将随业主入住后正式开业。玫瑰花街涵括了各种时尚潮流及日常生活所需。已建成的红钥匙艺术大楼、月光音乐广场、印象广场，可举办各种聚会、展览活动。近百万藏书的图书馆也将为业主开放。

南方·玫瑰城物业管理公司系拥有金牌物业之称，媲美星级酒店服务。他们以“务实、诚恳、高效”为服务准则，实施5A管家式物业服务体系。树立行业星级服务高标准，作为物业管理行业的标杆，他们坚持“严格管理、规范服务”，在行业中屡获殊荣。

★中国名盘

2010CIHAF CHINA REAL ESTATE LANDMARKS

金域蓝城

黑龙江省蓝城房地产开发有限公司·哈尔滨

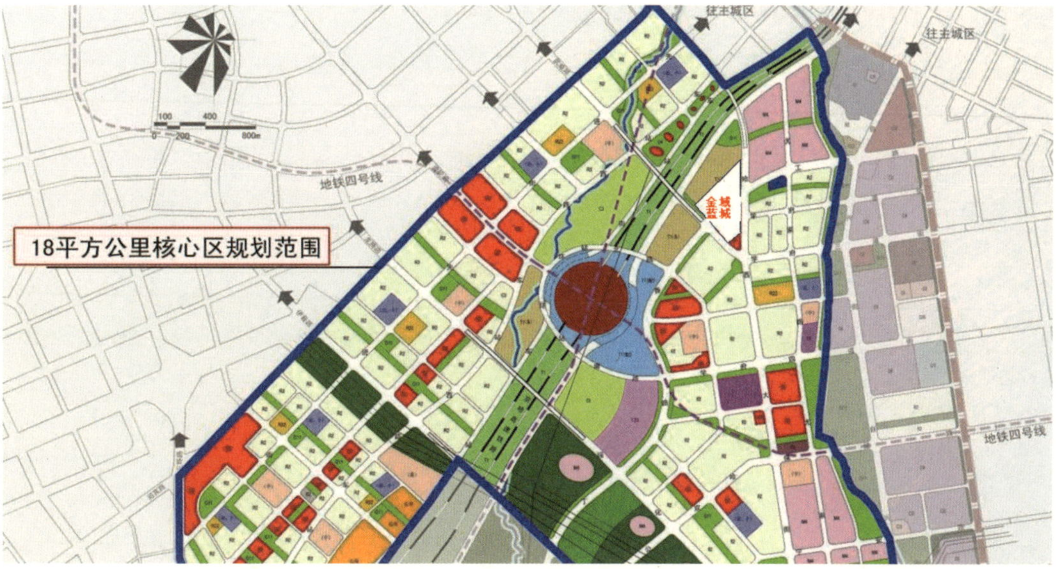

一、地理位置

项目四至：金域蓝城位于哈西新区北部核心区，东临哈西大街，西南至学府三道街延长线规武威路，西北临西客站快速交通干道规划丁香路，南临跃进小学与西城丽景小区，与西客站距离不足千米。

二、经济技术指标

用地面积	109717.2m²	
规划总建筑面积	413587m²	
地上	住宅	271561m²
	公建	58287m²
	合计	329848m²
容积率	3.01	
建筑密度	27.56%	
绿地率	32.27%	
绿地面积	35403.32m²	
建筑限高	2层9米；6层30米；26、28、30层98米	
地下	公建	6353m²
	人防	4354m²
	停车场	73032m²
	合计	83739m²

三、规划情况

项目A区规划为高品质纯居住区，有7栋6坡7多层住宅，3栋30层Y形公寓，10栋30层板式高层，工电路与哈西大街交汇处设约1000m²广场，沿广场及规划工电路、武威路布局两层商服。

B区规划为高品质公寓居住区，有4栋28/30层公寓，沿哈西大街布局两层商服。

C区规划为商业、商务区，238米两层步行商业街，25层星级酒店。

四、开发计划

2009年启动A区A1部分，总监约192413m²，于2009年9月动工，多层年底封顶，2010年交楼入伙；高层2010年10月封顶，年底交楼入住。

五、建筑风格

建筑风格定位充分考虑到本项目位于城市新中心哈西新区北部核心区，距离城市枢纽西客站千米以内的地理优势，以及未来新区国际化水准规划、建设之潜在巨大发展潜力，整体采用极具特色的Art-deco艺术装饰建筑风格。

从装饰艺术中演变而来的Art-deco建筑艺术，强调建筑物的高耸、挺拔，给人以拔地而起、傲然屹立的非凡气势，体现出工业革命后技术革新所带来的不断克服地心引力而达到的新高度，表达出不断超越的人文精神和力量。通过新颖的造型、艳丽夺目的色彩以及豪华材料的运用，成为一种永恒摩登艺术的符号，表达了都市新贵等高端阶层所追求的高贵感；而摩登的形体又被赋予古老的、贵族的气质，代表的是一种复兴的城市精神。

六、配套设施

路网现状	哈西大街已于2007年修建完毕；规划武威路、西宁路、工电路待建。
交通线路	公交64、87、217路途经哈西大街，联通道里、香坊等区域，学府路上几十条公交线路直达城市各个区域。
教育资源	（中小学）跃进小学、69联中、师大附中；（大中专院校）哈师大艺术学院、哈尔滨理工大学、省工商职业技术学院、哈尔滨学院、黑龙江大学、省政法管理干部学院、哈尔滨医科大学。
科研院所	国家地震力学研究所、黑大甜菜研究院、省农科院等。
商业配套	尚都嘉茂购物广场、金太阳商业街、黑天鹅家电商场、苏宁电器；哈西服装城、哈尔滨服装城、中央红超市、学府书城；名岛海鲜、肯德基、德克士、阿妈妮烤肉、老华西、汉斯烤肉等。
医疗配套	哈医大二院、211医院等。

复地・雍湖湾位于成都天府新城、国际城南核心宜居区——大源组团中心地段。总建筑用地95亩，总建筑面积约23万m^2，配置有约350亩中央公园。由位于项目北侧和东侧的7栋视野宽达千米以上的全景观、视线无遮挡高层豪宅，位于中庭的12栋翠堤叠拼别墅，位于项目西侧、邻河的12栋湾岸双拼别墅，位于项目东北角的1栋酒店式公寓及临街配套商业组成。项目住宅部分的容积率仅为3.0，建筑密度仅为24.7%，是主城区罕见的超低密度、超宽楼间距公园社区。

项目优势在于：

1. 复地・雍湖湾拥有一线无敌中央公园景观。中央公园面积高达350亩，整个公园由世界最著名景观设计机构易道进行规划设计。其中，成都复地承建并全力打造约250亩中央主题公园：超过4万m^2人工湖面景观，同时有效利用两条原生态河流，形成河、湖、湾、岸、堤等丰富生动的亲水表现。复地・雍湖湾有两座社区私家小桥直接连通公园，这是社区尊贵特权的直接表达；同时，每一户高层豪宅都享有千米以上的无遮挡视野，这在成都极为罕见。

2. 复地・雍湖湾拥有无比强大的四重生活配套系统。项目自有的临街配套商业，能够给业主带来日常生活的便利；公园内1万m^2休闲配套商业，由餐饮休闲会所、体育运动健康会所共同组成的格调商业，能够满足业主对生活品质的追求；项目东侧占地58亩，建筑面积约25万m^2的复地国际商务中心，作为国际城南大源宜居区的时尚商业中心，包括大卖场、电影院、水疗中心等，能够让业主时刻体验都市时尚生活；新建的伊藤洋华堂亚洲旗舰店和已经建成的世纪城商业中心，则为业主提供了更为全面的配套服务。

在会所方面，复地・雍湖湾配套了动静双会所，全面提升了生活品质。社区内是以格调图书馆为主题的咖啡会所；公园内是以运动为主题，包含室内恒温游泳池的健身会所。

3. 复地・雍湖湾的建筑规格是无可比拟的。Art-deco风格高层融典雅与尊贵为一体。此外，高贵石材及工艺的运用、5星级艺术双大堂、纯板式建筑2梯3-4户的至高配置、首层全架空情趣公共庭院设计、各类高规格型材的使用，都将呈现出复地・雍湖湾无与伦比的豪宅气质。

4. 复地・雍湖湾便捷的交通系统。已经于2010年10月正式开通的地铁1号线会展中心站，离雍湖湾约1.5公里，步行约15分钟。天府大道、益州大道、剑南大道、科华路南延线、绕城高速、三环，构建起雍湖湾快捷的城市交通网。离机构约10分钟车程、距天府广场约30分钟，与新成都新天府中心广场不到5分钟车程。

项目火热销售情况

复地・雍湖湾以东西向的景观中轴为界，分为两期建设。景观中轴线以北的4栋高层、4栋叠拼别墅和精装公寓是项目的一期产品。

雍湖湾自2010年8月份开盘以来，一期一批次产品——三栋高层（2、3、4号楼），户型包括92—126m^2三房、145m^2四房共480套，于短短一个月内清盘。一期二批次64套叠拼别墅也在开盘后两个月内销售约50套，一期三批次90余套公园王座，于开盘当月售罄。

短短60天左右，销售金额超过7.5亿元。并囊括成都2010年9月楼市销售面积、销售总金额双料冠军！创下成都楼市的销售奇迹。

★中国名盘

2010CIHAF CHINA REAL ESTATE LANDMARKS

复地·雍湖湾

复地集团·成都

★中国名盘

2010CIHAF CHINA REAL
ESTATE LANDMARKS

森泰·御城首府

济宁森泰房地产开发有限公司·山东

森泰·御城首府（森泰御城二期工程项目）东临森泰·御城一期，西起火炬路，北至济宁市第十二中学，南至润景园经济适用房南侧的一条城市支路，东西长约340米，南北宽约330米。向西，临火炬路，交通便捷，距济宁市政府约7千米，商业中心、第二人民医院、明珠中心小学皆在步行10分钟内可及，生活便利，且本案向西可达百花公园、新世纪广场、人民公园，区位条件优越。项目规划总用地81223m^2，建筑面积21.2万m^2。住宅部分由7栋小高层和高层组成，商业部分由三栋写字楼和沿街商业组成。容积率3.0，建筑密度23.6%，绿地率40%，由上海林李城市规划建筑设计有限公司规划设计，总户数800户左右。

中式传统建筑典型空间代表，多进院落。居住部分以中国九宫各构为母体，构造深谙中国传统文化的居住空间。商业区沿火炬路展开，既充分利用沿街商业条件，又自然形成居住区与城市干道之间的屏障。

户型面积丰富多彩，从80-220m^{2}不等，布局合理。

项目延续一期精致的园林景观，居住部分以中国九宫格构为母体，有一坊、三阶、五进、七庭、十八景，除了有坊、照壁、廊、池、山亭、景观，还包涵院落芒华院、逸峰院、长春院、晨曦院、春华院、梅香院、枫林院、荷香院。小区步行入口处以“一坊三阶”形成景观序列的开始，引导其后的几个院落形成五进的空间，层层深入。人步行其中，步移景异，徐徐探索，引人入胜，最终营造出中国古典人居环境中“庭院深深深几许”的意境。将中国传统文化经现代的手法演绎，中国景观元素溶入其中，打造御城园林大宅。居住区景观规划运用广场、水池、绿化、步道、植物、花卉等元素体现人文、宜居的韵味，多元化、简介、优雅的景观空间彰显小区的品质，成为小区的灵魂所在。

商业综合体引入了主力店沃尔玛、春天百货、金逸影城、俏江南，并且已签订意向合同，美食广场等小型业态次主力店将火炬路带入城市商业先锋行列。

社区道路系统遵循系统性、合理性、舒适性、景观性和整体性的原则，结合地形特点和空间布局，采用人车分流的道路系统。道路设计与景观设计相结合，强调对景和转折，以形成步移景异的空间变化，共同创造良好的内外部空间环境。道路系统分为车行道路系统、步行道路系统，两者构成完整的道路体系。区别于传统的只将车行道和人行道分开的“人车分流”，克服车流噪音、道路占用景观等种种缺陷，车辆在进入社区后，即通过地下车行道进入各家各户地下车库，不但实现了绝对安全，将车辆噪音从生活里彻底消除，而且景观也因为不被宽阔的车型线分割而成为真正的风景。

整个社区由开放向私密逐渐过度，商务楼、沿街商业、地下超市作为完全开放的街区存在，商务中心则作为半对外开放空间，坊和水杉阵列作为社区内部的屏障，通过台阶连接住区和公建。对外保持私密、对内维持开放。

★中国名盘

2010CIHAF CHINA REAL ESTATE LANDMARKS

金越·逸墅蓝湾

长春金越房地产开发有限公司·长春

优越区位，卓越地段

金越·逸墅蓝湾是由长春金越房地产开发有限公司开发，位于长春市高新区，同时也是长春南部新城生态居住区。项目地块东临永春河畔，西至超凡大街，北靠南四环（102国道），南侧为高新区规划中的商务港区。

从地段、区位上来看，东有青龙（永春河），西有白虎（超凡街），南有朱雀（八一水库），北有玄武（金越住宅高层）。此乃藏风聚气、财官两旺之风水宝地，不仅自然生态环境优越，而且有着非常高的保值升值潜力，因而此片区域被誉为具有绿肺功能的长春“首席居住生态区”，金越·逸墅蓝湾正处在这一“首席生态居住区”的中心位置。

随着长春市市政府办公区（距本案3公里）的南迁，且本案在市政府及高新区管委会的5公里辐射半径的中心地带，居住在这里将享受到完善的公共生活配套。

园林景致，际遇风情

园区内部，金越·逸墅蓝湾做了一个“苹果形状”的规划构图，并划分为多个组团。在设计最初，为能最好的保留小区的原生态，金越·逸墅蓝湾特意保留了原有杨树林，以这两条主景观带为轴线，串连了入口广场、活动主广场、沿途水系、小区中心水景广场等空间。

整个园区的交通实现人车半分流，这个苹果型的环路为小区的主要干路，宽7米，在路边停一辆车的情况下还可以让另外两辆车并行，其他为组团车行路，在道路两侧着重设计了水景与绿化。因为“苹果型”的环形路设计，不会出现兵营式道路格局景致的呆板，而是在开车的时候就能看到路上不同的风景，达到移步换景的效果，每一个转折，每一个路口都会有不同的景观。

围绕这个苹果型的环路，金越·逸墅蓝湾有一湾活水环绕着主路，苹果湾也隐喻着希望这里的每一位业主都能收获生活里的果实，这里将成为您平安、吉祥、快乐、甜美的家。

园区的绿化设计高达42.5%，继承地中海皇家园林的意境与神韵。金越·逸墅蓝湾的内部景区环境大致分为五大区域，各有意境。在景区表现上参照借景手法，将永春河湿地公园的果岭水景引入园内，作为住家生活的背景；社区道路铺装色彩丰富，梦幻般地流露出园林的梦幻与现代感；特色水景喷泉、花架廊亭，植栽，精细地修饰让人细细品味；这些都是极富西班牙特色的景观元素。

经典移植，自然天成

规划设计单位为加拿大的B＆H公司，结合长春本地的地域特点，引进国际先进的人居环境设计理念，将地中海园林的韵味洒满了整个小区的角落。整个设计的核心就是五重绿化设计，高大的灌木，稍小点的灌木，乔木，花与草坪，这样阶梯式立体的绿化，再根据树种的不同，颜色的变化，将其有机地结合在一起，让人足不出户就能享受到满园春色。

细节品质，西班牙风情

建筑品质精湛细致，轻盈、绚丽，线条利落，以完美而协调的手法呈现浪漫和高贵的气质。与传统的欧式、美式的宽敞、大气不同，西班牙建筑更注重细节的雕琢，也可以说更有“情调”。

本项目含有诸多的西班牙风格元素：有亮丽色彩的西班牙低坡屋顶，立面采用了很多立柱结构，包括墙体、护栏、门窗框架等，通过空间层次的转变，着重突出整体的层次感和空间表情，打破传统立面的单一和呆板，使整个建筑更富于流动的造型。

世界级物管，尊崇私享

为了让尊贵的业主在繁忙之余能免除后顾之忧，世界第一管家第一太平戴维斯担纲金越·逸墅蓝湾的物管顾问。有着150年国际物业管理经验的第一太平戴维斯，将带给您前所未有的尊贵享受，全方位满足业主多样化生活需求，礼遇至臻人生。

国贸天琴湾位于五缘湾中心区内，北侧为特色商业街，西临钟宅民俗旅游区和环湖里大道，东面和南面紧邻内湾，总占地91648m^2，建筑面积213253m^2，规划中一线45栋五缘湾墅和高层海湾公馆12座。

国贸地产致力将国贸天琴湾打造成比肩国际的海湾生活标杆。国贸天琴湾享受南中国海西厦门的新型富人区高端圈层配套，坐拥“厦门新客厅”美誉的五缘湾。私享12平方公里蓝色海湾、88公顷湿地公园、800米私家木栈道，与300泊位的五缘湾国际帆船码头隔湾相望。俯瞰五缘湾新规划，坐拥城市三大综合体，还有五缘学村、五缘运动馆、五缘水乡国宾馆、温泉度假村等高端生态休闲养生设施。地块紧邻鹭岛干道、环湾路，距高崎国际机场仅数公里，拥有五缘湾湖心岛音乐厅、高级商业中心特易购、五缘医院、五星级大酒店等项目。

国贸天琴湾五缘湾墅，取精髓于18世纪乔治王时代经典建筑，承袭18世界乔治皇式建筑风格之精髓，以新古典主义三段式精心雕琢，卡麦里金花岗岩干挂石材臻造精工别墅，重现18世

2010CIHAF CHINA REAL ESTATE LANDMARKS

国贸天琴湾

厦门国贸地产有限公司 · 厦门

纪理性与艺术的完美融合。精工别墅打造奢华雍容的室内空间，超大湾景花园，临湾一线，首层独立公共空间，形成一个大型的湾景花园，不但可欣赏到绝佳湾景、海景，更可邀三五朋友在此举办一个私人海湾PARTY，无边际私家泳池、中庭水景使海湾墅馆更显灵动。泳池通过景墙与五缘湾相连，既具私密感，更一览静谧湾景，游弋于天地之间。独立地下室可设影音室、收藏室、健身房或私人SPA室，满足您丰富的个性需求，户户均设置两个地下停车位，搭配内院空间，为您的多部爱车考虑周全。私家电梯，专属尊驾，定义海湾墅馆的奢华标准，彰显贵胄血统与尊贵品质。顶层全景主卧通过通透的玻璃体验湾景与海景的宁谧与壮阔，感受湿地公园的自然与逸趣，日升日落，尽收眼底，更显大气度胸襟。天琴湾缔造五缘湾尊贵奢华的居住品位，成为“五缘湾最后的珍藏”和“中国家族值得传世的别墅中的珍品”。

国贸天琴湾高层海湾公馆，拥有一线海湾双景，9.4 米的海湾阳台欣赏日出日落，大主卧 270 度大飘窗双主卧，独立家庭活动厅，拉近与家人之间的距离，赏湾听海、品酒享乐，把奢侈享受带回家。

项目拥有五星级私属会所，随时为您处理好生活、商务旅程的各种事物，您可以从容地在ART DECO风格大堂钢琴名曲环绕声中与家人享受优雅的英式下午茶，于私属会所中叹享五星级生活品质；欧式豪华室内恒温游泳池，挥臂畅游间，张弛有度，全身的压力得到完全释放；专属定制白金级私家接待大厅，总统级的接待大厅，国宾级接待礼遇。让你享受私家宴会和商务接待的宏大排场；气派健身房，健康优品生活，于时尚健身室私人教练专人指导下舒展筋骨活跃身心，健康体魄，甚至与三两知己，品茶对弈，随时畅享品位优质生活。私藏红酒吧，打造顶贵阶层的私人俱乐部，沉淀一种越来越浓郁的贵族气息，一种追求物质和精神同时满足的生活方式以及身份和尊贵地位的象征；皇室家族的贵族影院，为与身俱来尊贵的皇室家族所御用，享受完美立体声的视听设备与视听效果，为贵族阶层专属定制的私家影院。

每一座城市，都有一个精神图腾。每一个湾区，都应有一个符号标签。最初的诞生，是为了最后的共生。厦门五缘湾，成就南中国海西的影响力，国贸天琴湾，筑建城市的地标与收藏，成为中国高端人居的荣耀代言，是厦门五缘湾这片湾区最恰当的注脚。

2010CIHAF CHINA REAL ESTATE LANDMARKS

洪大城东城

江西洪大集团·江西

南昌作为江西政治、经济和文化中心及京九沿线唯一的省会城市，在国家“中部崛起”及“环鄱阳湖生态经济区规划”的战略推动下，近几年来昌九城际快铁、高速公路等一大批交通设施得到迅猛发展，相继开工并投入使用，现代化水、陆、空的立体交通网络纵横交错，以南昌为中心至上海、浙江、福建、广东、湖南、湖北、安徽等周边7省市的“5小时经济圈”已日益形成。

洪大城东城是江西洪大集团二次创业背景下，在昌东区域的积极开拓。是青山湖区区委区政府重点规划约2800亩的“新洪城商圈”内的核心项目，江西省“3010”重点工程之一。

洪大城东城坐落在南昌市城东半月形产业带核心区——昌东工业园内，是南昌制造业加工最密集、工业最发达、商贸发展最具潜力的商贸产业发展区域，使项目具备了承接国内区域产业资源、发展大商贸大物流的得天独厚的区位优势。

洪大城东城位于城市快速主干道解放东路与高新大道交汇处，是连接南昌城东商贸产业带的黄金门户，距南昌市区3公里，东绕城高速入口5公里，规划中的南昌地铁2号线毗邻而过，未来长途客运、公交总站也将汇聚于此，交通优势得天独厚。

洪大城东城以环“鄱阳湖生态经济区”国家发展战略为契机，顺应江西商贸业的高速发展，依托昌东工业园的民营加工业产业基础，将精品市场植入工业园区，以“商贸立市、产业互动”作为开发宗旨，塑造全新城市引擎，在昌东打造一个“面向广阔中部市场，集生产资料、生活资料原料采购、产品研发、生产加工、商品展示、交易、物流、电子商务、企业总部、居住配套等于一体的新型产业服务平台。在促进城东区域的城市建设繁荣与升级、营造适宜

人居环境的同时，为人们的就业与创业创造广阔平台，推动江西商贸业的整体发展。

项目整体规划为“五纵二横”的格局，纵向依西至东分别为商贸办公服务带、创意园区及开放式居住带、主题市场带、传统市场带、传统居住带及商务会所区。横向从北到南为城市综合商业服务带、城市商贸办公服务带。洪大城东城主题市场带、传统市场带分区明确，拥有纺织原辅料、小商品等数十种行业的市场集群，从而实现各行业和产业的横向、纵向供应链集聚，带动相关产业链形成上下游整体集聚的产业集群中心，并带动由此相关的原料产业、辅料产业、研发设计、总部基地、国际进出口贸易、物流运输等的上下游产业链和配套服务的全面发展。

纺织交易中心，总建筑面积超过11万m^2，经营范围涵盖纺织业生产原辅料、生产装备及相关商品交易、展览、物流、电子商务等产业链的全系需求，市场弥补了南昌市乃至全省范围内纺织服装原辅料专业市场的空白。目前洪大城东城售楼处已对外开放，可乘206、511、226至项目现场参观。纺织交易中心已进入紧张有序的建设中，预计8月建成，在建筑形态上我们通过整合国内外专业批发市场的亮点后结合各业态在实际经营中的需求，创新出更加合理化的物业，建筑形态错落有致，结构建筑采用全框架式，可以自由组合，方便用户实际经营的需要，店铺以两层半、三层筒子楼、五层结构为主。店铺总面积一般在 120-215m^2，其中单层面积为50m^2左右。其一层为常规店面商品，作为商品展示区，二层为办公洽谈区，亦可兼作展示，三层为小型仓储区（二层半为半层露台设计，属赠送面积），部分楼栋的三至五层面积在1597.03—2361.06m^2之间，为大框架可分割空间，既满足经营者的常规需求，也能一定程度地满足其特殊需求。

洪大城东城建成后将带动昌东工业园乃至整个城东片区的商贸全速发展，为南昌商贸业在中部地区重新塑造市场竞争力提供了全新的市场平台。同时应映城市发展的需要，将这里共同打造成一个活力四射的“商贸都市”、一个丰富多彩并不断成长的“活力之城”、一个充满南昌新希望、承载南昌新文化梦想的“文化客厅”、一个最适于安居乐业的“城中之城”、一个沿海制造业产品进入广阔的中部市场的“中部口岸”。

泽科·港城国际项目位于重庆市渝北区空港新城，项目所在区域是两江新区的核心腹地，也是连接两路主城、悦来会展新城的重要枢纽。

“两江新区”是中国的第三个副省级新区，前两个分别是上海浦东和天津滨海新区。“两江新区”总占地面积约960平方公里，拟设区域主要由重庆市嘉陵江、长江环抱的大片北部区域以及北碚区的蔡家镇构成，另包括江北区大佛寺大桥以东的寸滩、鱼嘴、复盛等地，渝北两路组团和龙兴镇、石船、木耳、古路四镇，以及北碚蔡家组团和水土、复兴两镇。

在整个两江新区的各规划组团中，空港新城又是其中一个重要组团，空港新城是重庆市、渝北区，两级政府依托江北国际机场这个大空港重点打造的高尚住宅片区，今后将成为“居住之城，重庆之窗”。空港新城是2007年6月经重庆市政府批准成立的重要城市功能区，位于渝北区机场及周边地区，面积约46平方公里，本项目所在的区域（以前称之为“两路工业园区西区”），面积约4平方公里，属于重庆市空港新城的一部分。

空港新城组团被政府规划、定义为高尚居住区，区域内土地出让容积率整体均为2.5，以花园洋房、小高层、高层居多，适宜打造为中高档居住社区；同时，区域内部拥有观音岩生态公园、市政公园、沐仙湖等多重自然景观，空气质量良好，环境优美，十分适宜居住。

近年来，有越来越多的人选择在空港新城购房，主要是因为空港新城在近几年发展得非常迅速，无论从区域宜居角度，还是从升值潜力方面，空港新城都是购房的最佳选择。

★ 中国名盘

2010CIHAF CHINA REAL ESTATE LANDMARKS

泽科·港城国际

泽科有限公司·重庆

林溪湾位于素有郑州市区至新郑国际机场桥头堡之称的新郑市龙湖镇，项目总占地650亩，毗邻即将通车的郑新快速路，尊居龙湖南大学城的中心腹地，地块左侧由自然河流十七里河环绕包围，小区内水系密布，形成 50%的原墅临河或临水，100%的原墅提前10年享受成品园林景观，使林溪湾具备了普通低密度豪宅项目所不具备的先天优势，户型面积区间190—450m^2。

在得天独厚的自然条件下，郑州新兴置业秉持打造收藏级地产的开发理念，依托周边生态的环境，打造出最为纯粹的西班牙殿堂级赤金重墅，每户私家花园从60到350m^{2}不等，极大地享有了珍稀的土地价值。前二后三或前三后四的原墅设计使业主最大程度上享用了这一片难得的山水。

林溪湾建筑规划设计出自享誉加拿大豪宅设计界的大师级公司ADS，在650余亩的土地上建筑西班牙殿堂级原墅，彰显社区的纯粹感，使业主拥有极致的居住密度，居住舒适度，人均山水景观资源。根据得天独厚的自然资源和成熟的景观打造手法，林溪湾在建筑规划设计上引用了“四依”的规划理念，即依山、依水、依坡、依林，而且很多户型都是前三后四的设计，能够让所有业主享受这样一处山水和一片成熟的园林。林溪湾的建筑从一面看是三层，从另一面看是四层。负一层在一面得以完全展露，采光性几乎可以等同于客厅，大部分户型都可从这里直接步出到自己的私家花园。功能空间在此亦得以展开，一层成为家庭的公共交流区，二层为私密生活区，花园首层为家庭娱乐区。高品质外装文化石、厚重的手工陶瓦、成品檐沟、进口老美松木花架，彰显出西班牙原墅的大气风格。此外，林溪湾为每一户原墅添加了集约化供暖锅炉，为业主提供良好的物质生活条件的同时，又成为节能环保的低密度豪宅典范。

林溪湾景观规划是由世界景观规划设计行业的领袖企业贝尔高林来设计，五重景观的营造，立体园林的种植，使林溪湾园林成为有层次的风景。林溪湾通过专业而细致的布局，保证园区内大部分视角都享受到高品质的景观效果，围墙处产生远离墙体的感觉。多重景观的构建，视觉焦点、背景的不同物种搭配，远近景的协调，甚至细心到每一棵树展现在主视角方向的选择使整个园区移步易景，回味无穷。另外，林溪湾的五重景观构建，能够大面积的掩映房体，靠近房体的部分也会采用配合外立面风格的树种，建筑不再孤立，而成为景观中

★中国名盘

2010CIHAF CHINA REAL ESTATE LANDMARKS

林溪湾

郑州新兴置业有限公司・郑州

的一个景点。可以说客户在林溪湾中不经意的一瞥，都包含着景观工程师细致的搭配，从每一个窗户向外望去，都是一幅精美绝伦的自然画卷。林溪湾的移栽树木全部采用全冠移植，为了大树在运输过程中相互不挤压，这些树木甚至有一车一树的专车待遇。尽管成本很高，但郑州新兴置业对园林的用心由此可见一斑。中央景观区设计大型峡谷叠水景观，彰显郑州新兴置业为景观而牺牲利润的执著。

林溪湾专属5000余m^2高档会馆，被3万m^2中央景观区所映衬，由集美组担纲设计，内庭院景观、迭水瀑布等细节精致纷呈。地下游泳池、中西餐厅、健身房等功能设施，为峰顶圈层搭建身份与历练的平台，不仅功能众多，并且在郑州新兴置业竭力打造的前提下显得更为实用。

林溪湾物业由第一太平戴维斯管理，第一太平戴维斯是国际领先的物业服务集团公司，服务历程涵盖英国、欧洲、亚太区及美洲，为世界一流地产开发公司提出最专业的指导意见。此次更是将世界三大富豪区的顶级服务礼仪与细节全部注入林溪湾的未来生活。

林溪湾，作为郑州市顶尖低密度豪宅的代表作，其成功开发也为塑造和提升龙湖镇南大学城片区的品牌及形象，优化区域形态、完善区域功能，彰显区域特色，提升区域品位和核心竞争力，对区域经济发展、人居条件改善起到重要的作用，影响和带动着周边的开发商不断提升项目品质。

2010CIHAF CHINA REAL ESTATE LANDMARKS

康桥·金域上郡

郑州康桥房地产开发有限责任公司·郑州

一、国际中央住区·领袖圈层·人文望宅

康桥·金域上郡二期·藏峰，东瞰大学路，西临人和路（郑大南路），共有8栋34层的ART-DECO风格建筑组成，总规划约20万m^2，户数为1730多户。产品方面户型升级130-190m^2的豪华三房、奢华四房户型，完美演绎大宅空间尺度对质感生活的诠释，以满足城市精英领袖圈层人士对品质生活的偏执追求。

本区域汇集政（市府中心、区府中心）、商（二七商圈、火车站商圈、大学路商业带）、文（郑州大学）、医（医疗单位）等城市精英领袖阶层，为本项目奠定了良好的居住人文环境。

康桥·金域上郡二期·藏峰，专属为城市精英领袖圈层人士量身定做，致力于为精英领袖打造城市中央品质生活特权，以匹配他们卓识非凡的人生品位。康桥·金域上郡二期·藏峰，以宅相邻，以邻为友，以友成圈，着重于对圈层人文环境的营造，使之成为纯粹的城市精英领袖交流生活与事业发展的平台。

二、掌控中央，畅达全城

项目地处西站门户，对内、对外交通便利，由城市主干道、快速通道、地铁线构筑全城立体交通动线，通达全城。陇海路是未来郑洛一体化的带状交通延伸，规划为公交专行的双层通道；大学路是郑许一体化的带状交通延伸，与汝河路、人和路共同构建城市中央交通动脉；外围地铁1号线、6号线环绕而过，形成快捷的全城交通网络。

三、城市中央，尊享成熟配套

项目地处大学路中央市府核心，坐拥二七商圈繁华，集合了行政、金融、交通、教育、医疗、休闲娱乐、商业各项便利，城市中心数百亿的生活配套和数百年的城市文化积淀成就了中原城市中央人居典范。

区域内拥有郑州最完善的教育配套：汝河路小学、政通路小学、幸福路小学、交通路小学；郑州市二中、四十八中、102中、63中；河南工业大学、解放军测绘学院、郑州大学、航空管理学院，以全城文化氛围最好的区域，成就您对孩子一体化教育的理想!

四、百年经典，尽显时尚奢华

项目建筑采用风靡世界上百年的ART-DECO风格，强调三段式装饰的贵雅和气势。底部为沉稳厚重的高档石材，中部采用竖向装饰，以强烈的线条感营造挺拔的非凡气势，表达不断超越的人文精神和力量；顶部以极具ART-DECO特征的装饰纹路元素，形成鲜明、独特、美观的城市标识。

整体建筑以现代的城市精神，时尚的奢华风貌体现高贵的贵族气质和专属的生活态度，确保居住品质领先十年，成为城市中心居住的荣耀标记。

五、国际一流设计团队倾力打造

项目由澳大利亚贝尔曼设计师事务所和中建国际共同担纲建筑规划设计，由国际著名的景观设计单位贝尔高林倾力打造城市坡地景观，使建筑的艺术空间与自然生态的园林景观交辉相应，将居住与心灵感受合二为一，探索人与自然共生共处的最佳点，将居住的精髓升华，力图创造一种天、地、人、建筑、自然、相融相通的原创生活。

六、世界级物业服务，为您缔造尊崇生活品质

项目聘请国际知名物业第一太平戴维斯进行物业顾问管理，以世界管家的服务理念服务业主，力求为业主提供更加温馨、细致、周到的保障性服务，让业主居住的更加放心，安心，舒心，确保业主是真正的上帝。

七、品质细节，彰显体贴人性关怀

1. 新风装置

采取高科技产品窗式通风器，让窗户先呼吸起来，为室内提供最舒适的自然环境。在保证通风的同时，另具有消除噪音、防风隔尘，防止热交换等卓越功能，其优越的性能已成为室内环境调节的最高水平的代表。

2. 直饮水

每户安装直饮水到户，可直接饮用，从而整体上大大提高自来水水质，不仅可以满足家庭饮水需求，全面保护家人健康，延长涉水电器、器具的使用寿命，还可全方位地满足家庭食用、洗浴、洗涤等诸多方面的需求。

3. 嵌入式保险箱

每户安装嵌入式保险箱，以满足家庭对贵重物品、契约、合同、证书、私人物品等的收藏，以避免家庭生活中的意外损失。

水岸气息将弥漫每个角落，体现了建筑与水与人的完美和谐。这就是坐落在社区的西南部占地85000m^{2}的自然湖畔，湖水清澈，沿湖设有亲水平台，回廊栈道，垂钓码头，各种精致的休闲桌椅和廊架分布其间，饭后茶余，陪同爱人沿河散步或荡舟湖上或临湖垂钓又或凭栏观湖，在奋斗与放松之间寻找一种平衡，在自然与现实中寻获一丝惬意，让您和家人足不出户就可以体验浪漫的异国风情。社区40%超高的绿化率，打造四季绿化体系，高大的乔木和低矮的灌木，交辉相映、错落有致的层级搭配，使整个社区真正的做到了四季常青、三季有花。超宽的楼间距充分保证了通风采光的效果，让你更加亲近自然，贴近健康。

整个社区采用了西班牙建筑风格，融入了阳光与活力，采用了质相明快的色彩，从红陶筒瓦到黄色抹灰墙，从弧型墙到一步阳台，铁艺花架、文化石外墙，红色的坡屋顶和圆孤檐口都体现了浓浓的西班牙风格。远高近低、高低错落有致层级排布，独有的露台花园让你把阳光、景色带入室内，在家中就能享受到步移景异的生活，为你繁忙的生活增添了无限的情趣。

翡翠半岛坐落于武清开发区的核心地段，东侧紧邻标志性景观大道——翠亨路，北到京津高速北出口，南接京津城际列车站，从小区上京津高速驱车只需1分钟，到城际车站驱车也只需8分钟，同时三分钟之内就可到达京津塘高速、103、104国道，武清作为京津城际列车的唯一停靠站，到天津仅需10分钟，去北京也只有19分钟，真正实现了两座城市的自由切换。小区周围更是遍布京沪、京福、津保、津蓟等12条国家级高速公路，从小区出发15分钟之内就可以到达这些高速口，为您的出行提供极大的便利！畅通的交通环境必定会拉动周边区域的发展，占地3600多亩的环渤海物流中心与我们社区一路之隔，建成后将成为天津市最大的农副产品集散基地。占地1890亩的软件园区建成后将成为京津地区乃至全国重要的高科技软件园，未来的3到5年这里就会成为武清新区的核心位置。

社区主入口设在东侧，古语有言“门朝东开，紫气东来”。进入社区首先映入眼帘的便是一个占地1000m^{2}左右的西班牙风情广场，广场上设有雕塑喷泉，高雅气派，让您享受到别样的异国风情。再往前是一条长约800米，宽24米的西班牙风情街，将小区分为南北两个区域。社区总占地面积500多亩，总建筑面积约45万m^2。一期42栋中有迷你公寓，QQ复式，退台花墅等物业类型，面积从40到160m^{2}不等，可以满足不同客户的需求。

我们都知道，西班牙是一个海洋国家，水是西班牙风格的灵魂，所以我们在空间布局中使用水系，绿化带来作为分割，由社区空间到生活空间，

社区的配套非常的完善，西班牙风情街上设有便利店、干洗店、社区诊所、让你拥有城中之城的完美享受。健身、休闲娱乐场所，充分满足你的休闲需求。 在您享受第一居所的同时我们为了呵护您的生活，招标聘请一级物业管理公司，为您打造全程顾问保姆式服务，严密的智能化安防系统，做到六重防护；小区的出入均有专业的保安执勤，有效拒绝陌生人来访；周边设有远红外线防护系统；各关口闭路电视监控系统；24小时电子巡更系统，户内紧急报警系统；煤气泄漏报警系统，真正做到了“外无干扰，内无隐患”。

在翡翠半岛买到的不仅是房子，更是精致生活的享受，这样一个可以让您享受一生的大型和谐社区，无论是居住还是投资都将是您最佳的选择！

★中国名盘

2010CIHAF CHINA REAL ESTATE LANDMARKS

翡翠半岛

天津浩华恒基投资有限公司・天津

★中国名盘

2010CIHAF CHINA REAL ESTATE LANDMARKS

颐和星海

大连大和中盛房地产有限公司·大连

颐和星海（医大搬迁改建项目）是由大和中盛投资，中盛建筑承建的复合型高品质城市建筑群落。此项目占地面积逾15万m^2，规划建筑面积达50万m^2，总投资超过50亿元，预计3—5年建成。

项目地块背山面海，位于泛星海区域制高点，地块北高南低拥有天然高差，是不可多得的优良基地，该地块临近城市主干——中山路，地块边缘与星海公园岸线仅距7百公尺，奠定了项目未来高端住宅的相应基础。未来该项目将定位为新型城市复合体建筑群落，以全新地产开发理念，融合国际同类产品的标准进行规划建设和运营管理；建成后该项目将涵盖超高层、高层、小高层、多层联排等多种现代建筑形态；有低密住宅、精装修公寓、五星级酒店等多种高档业态以及小学、幼儿园、独立商业街等配套设施。

立足星海优势，助力星海发展

星海湾的美与贵举世皆知，她是大连的名片亦是高端区域的代言。这地位的形成是山与海的天然优势，更是区域发展的魅力所致。当代星海不仅是高端酒店齐聚的知名商旅区，更是滨城未来金融服务核心区，区域职能的高端化推升区域价值的持续攀升，更吸引了无数高端人士群聚于此。

而颐和星海横空出世傲立湾区，项目地块背山面海，位于泛星海区域制高点。宗地北依青山南望星海，拥有北高南低天然高差，是不可多得的优良基地；该地块更临近城市主干——中山路，地块边缘与星海公园岸线7百公尺……凡此种种奠定了颐和星海未来高端建筑群落的坚实基础。

山海间知礼庭宅，是东方涵养的诠释

颐和星海注重财富的涵养，远高于财富本身；人虽为万物之灵长，但须对世界保有谦卑之心，知礼有度才是真大家风范。

原医科大学校址所在，人文沃土繁茂儒雅家风。一甲子的岁月酝酿出的学府儒风，如同印记般镌刻在这土地；如山巅青松，沉醉书声恁多岁月更有傲骨；更如这空间，氤氲着丝丝雅致令人忆起往昔的象牙塔时节……

而今时沉淀的学府岁月终被再解读，让这辈出人才的书香地成就另一番尊雅景象——不浮夸亦不浮华，只是厚实如这人文沃土，可长久泽被日后的高台阔府，大宅门第。

项目建成后将起到链接泛星海商业区域，丰富星海沿线居住业态及商业休闲的重要功能，对沙河口区人居环境建设及区域商业发展态势起到巨大促进作用。该项目是大和中盛房地产继颐和香榭项目之后的又一大手笔投资，此举意味着泛星海区域内的高品质住宅将再添奇葩，区域高端业态将更加丰富；同时作为大和中盛的注资方、上市公司日本大和房屋工业株式会社，也将凭借此项目的兴建再攀事业高峰，在全球经济低迷之态下逆流而进，创造辉煌业绩。

早在2005年，大连中盛集团与世界500强企业之一的日本大和房屋工业株式

会社就共同出资组建了大和中盛房地产开发有限公司，开发了位于大连五一广场黄金地段的高档住宅项目——颐和香榭，这一项目不仅是大连市第一家合资房地产公司开发的住宅项目，还是中国供热改革大连示范楼盘。

作为大和中盛主要投资方的大和房屋工业株式会社，其总部设于日本大阪，是以住宅产业为主体的世界500强集团企业，总资产约为70亿元人民币，总公司职员总数多达12000名。大和房屋工业株式会社立足国内发展的同时还不断拓展国际市场，1983年以来，先后在中国开发建设的项目有上海虹桥别墅、北京东苑公寓、大连民航大厦、槐城别墅、付家庄国际村和天津九河国际村等高端项目。

大和中盛的另一重要注资公司——大连中盛集团有限公司，是个有着25年房地产开发经验、集建筑施工、装饰装修、园林绿化、物业管理以及特色酒店、医疗卫生等行业为一体的专业集团公司。

大连中盛集团以房地产开发为中心，制定了多元化经营的发展战略，坚持以品质兴业的方针，所开发建设的工程项目优良品率为100%。被市建委誉为“质量信得过单位”、“创省优工程先进单位”。同时荣获国家建协、省建协颁发的质量“金屋奖”、“银屋奖”等诸多奖项，并连续多年被上级主管部门授予“明星企业”、“纳税先进单位”、“AAA级信誉企业”、省级“重合同守信用单位”等光荣称号。2005年3月荣获大连市综合实力百强民营企业称号。

此番与大和房屋工业株式会社携手，双方共建大和中盛开发公司，投资建设医大项目。在项目规划设计期间，公司即注重对项目输入环保节能的国际人居理念，应用日方成熟的建筑科技技术及相应材料确保项目未来使用中的健康节能要求，在满足高端人群精神需求的同时，能够更加切实保证其身体健康要求。项目建成后将拥有丰富业态，如前所述的联排别墅、高档纯居住宅、精装公寓、星级酒店及独立的高档岛型商业区，如此丰富的业态形成了项目自身独特的高端复合价值；由于业态的多样化直接影响到建筑的多样化，即超高层、高层、多层及联排并存，这样即形成了建筑的复合价值。同时项目既身在繁华市区又欣享山海美景的稀缺复合性，成就了本项目全复合型高端建筑群落属性，同时对应了泛星海区域多样的目标受众，如国内外企业高管、专业学科教授、高级白领及私营企业主等，在本项目中都可以找到对位产品满足自身居住及精神需要。相信大和中盛的此番努力必将为泛星海区域的未来居住环境大幅提升做出极大贡献！

★ 中国名盘

2010CIHAF CHINA REAL ESTATE LANDMARKS

绿地中央广场

绿地集团江西申江置业有限公司 · 南昌

绿地中央广场位于南昌红谷滩CBD核心红谷中大道998号，市政府西侧，规划地铁1、2号在此交汇，丰和中大道、红谷中大道等城市主干次道位于项目左右。项目占地173亩，总建筑面积65万m^2，是一座大规模、现代化、高品质的标志性“第三代城市综合体地标”。

南昌第三代城市地标

正如金茂大厦是上海的骄傲、台北101是台北的标志、双子塔为吉隆坡代言、全球第一高赋予迪拜石油之外的象征，“地标”已经超越了建筑本身的意义，而替城市向世界发声。绿地中央广场以289米江西至高双塔形象、南昌CBD至中心区位以及因此所享的顶尖资源与升值前景，引领南昌伫立于世界经济舞台中央。如果说滕王阁代表的是南昌历史文化成就、八一广场代表了南昌辉煌的政治成就，那么绿地中央广场则以舍我其谁的姿态，领航一座城市CBD发展，在南昌地标的星光大道上，铭刻上属于自己的永恒印记，从此，南昌拥有了让世界仰望的城市形象，南昌人多了一个为城市骄傲的理由。

南昌首席世界级城市综合体

绿地中央广场，南昌首个城市综合体，涵盖商业中心、精装豪宅、世界级酒店、甲级写字楼等多种物业形态，汇聚商业、居住、商务办公、景观、休闲等多重资源，以65万m^2城市综合体的集约力与创造力，整合全球顶级商务办公、超星级酒店、国际商业中心、城市豪宅，打造连接世界的多元平台。

南昌首席精装豪宅

绿地中央广场海珀兰庭，项目总规划建筑面积9.9万m^2，户型面积区间为228—600m^2，特邀国际级室内设计大师倾力打造，充分融合东西方商务美学理念，精心设计精装风格，在满足精英人士高品质居住需求的同时，让户型的精装特点发挥得淋漓尽致。

绿地中央广场海珀兰庭几乎集合了所有投资利好因素于一身，优势地段、优势配套、加上超大户型，其稀有可以衡量。同时，绿地中央广场海珀兰庭在精装标准的基础上进行了升级，以全精装标准打造了非常标准的“拎包入住”产品，为精英人士提供了一个极佳的生活空间，真正满足精英人士的需求。

国际顶尖商务群

绿地中央广场商务群是65万m^2世界城市综合体的组成部分之一，包括两栋289米的双子塔楼及两栋准甲级写字楼，总建筑面积达27万m^2。其中一栋准写字楼已经建成，289米双子塔计划利用四年左右时间全面建成，届时将成为江西最耀眼的商务新地标。

世界级酒店&国际商业

世界级酒店和国际商业两种物业形态，更为绿地中央广场增色不少。绿地中央广场世界级酒店为懂得极致生活的商务人士提供品质之上的服务，在满足自身商务服务需求的同时，亦为区域商务价值起到了积极的提升意义。此外，绿地中央广场力图通过对10万m^2国际商业的倾力打造，为热爱高尚生活的CBD新生活圈层提供购物、娱乐、休闲等生活方式，营造南昌商务人士的上选生活圈。

世界500强资产管理专家

美国、加拿大、澳大利亚、日本……世界五百强企业世邦魏理仕，直管1190万m^2高端物业，2010年版图扩入南昌，绿地中央广场，拥有江西唯一一家世邦魏理仕全程直管物业。

世邦魏理仕是第一家获得一级资质的外资物业管理企业，它凭借其历史悠久的专业管理经验和良好的管理业绩、全球如一的服务标准、国际专才与本土资源的完美结合，为80个中国城市提供高标准管家服务。绿地中央广场，聘请世界500强资产管理专家世邦魏理仕进行直管服务，为客户提供个性化的“一对一”的专职服务，时刻细致满足客户各项要求。世邦魏理仕将在绿地中央广场全面实行其独特的“微笑、零干扰、全方位”服务标准。

渤海·天易园项目坐落在天津城市发展的政治、经济、文化、商务、居住新区——未来城市发展新核心大梅江区域中。项目占地约24.7万m^2，建筑面积约40万m^2，是天津市2010年建设的最大体量限价商品房。

地块的位置首先为项目提供了高端的周边环境，放眼望去，周边俱是美式西部风情小镇、地中海式风情建筑群。宽敞的道路，便捷的交通设施，从人文环境到建筑环境无不为项目品质奠定了基础。

项目分为11层、18层和26层三种形式，楼体位置布局合理，错落有致，视野开阔，既符合有关的要求又能满足不同人群的需要;房型大小适中，经典的人性化两居室设计，既考虑到消费者的购买能力，又可使居住者方便实用；整个项目配套完善，从幼儿园、学校到托老所，从商业到娱乐、休闲，为不同年龄段的居住者免除后顾，提供了便利；充裕的车位使自驾车人群倍感惬意，社区内的公交站和附近的地铁站使出行人群便捷；完备的物业管理，严密的安保系统使居者放心；紧邻社区的公建花园和社区内的园林绿化、路边小景遥相辉映，漫步林荫，拥享绿色舒畅，鸟语花香，感受自然雅趣；建筑用材最大限度的采用节能、绿色、低碳材料，既考虑成本又注重实效。整个项目从立项、设计、到施工、监理乃至销售无不渗透着开发商的人性化指引，无不体现出政府为百姓办实事的力度。

渤海·天易园项目不是停留在为住者有其居上，而是上升到为居者得其乐上。努力创建限价商品房新模式，为百姓造福，为政府分忧。

★中国名盘

2010CIHAF CHINA REAL ESTATE LANDMARKS

渤海·天易园

天津渤海天易置业股份有限公司·天津

复地新都国际——2公里外滩之源，苏河湾精装首府

都说建筑是一首诗，因为复地集团，这首诗可以抒写得更美。走过16年的专业开发历程和辉煌成就，复地集团此次载誉荣归落子上海市中心，推出数年来深远规划的复地新都国际项目，项目以2公里外滩之源的核心区域优势以及苏河湾精装首府的产品定位高度定义上海市中心精品生活。

板块标签：傲居苏河湾，红极新外滩

复地新都国际地处上海内环核心“外滩源”辐射板块，直面“苏河湾”，占据上海市中心的黄金地段。作为上海市确定的首批现代服务业集聚区之一，“苏河湾”借势规划全面扩容。南起苏州河，北至交通路、虬江路，总占地面积为3.19平方公里，离外滩中央商务区约1公里，离南京路仅800米。这一地区被称为苏州河北岸“地王”和老上海最后一块黄金宝地。未来，“苏河湾”将以高端商务商业、滨河休闲旅游、文化创意展示等为主要特色的现代服务业集聚区形成上海核心CBD拓展区，成为上海城市文化的新地标和第二个外滩。作为板块内的复地新都国际，获利于“苏河湾”项目的成片开发效应，以目前的售价和品质看，项目已经形成了苏河湾板块内极具潜力的价值洼地。同时，项目以2公里外滩之源的绝佳区域优势，受益于外滩金融带的全新规划。随着政府对“外滩源”的重金执笔，未来的外滩源商圈聚集效应也正在形成，随着美国第五大道百货公司、半岛酒店、外滩美术馆、洛克外滩源等外滩源一期项目以及和平饭店的次第亮相，以及香奈儿、阿玛尼、百达翡丽等国际大牌先后落户，未来这块标志着城市文化风貌的历史区域将建成一个集商业、金融、文化、酒店和公共广场设施于一身的城市新地标。复地新都国际，以时代意义和世界影响力荣耀城市，更以无可复制的名宅之尊成就上海核心的终极藏品。

地段标签：内环核心，4条轨交环伺，5大商圈围绕

在这个项目上，复地集团充分考虑到它的稀缺性所带来的收藏价值。首先，优越的地理位置形成项目的先天优势，3公里范围内几乎云集了上海最具特色的5大城市地标（距离人民广场约3公里，距离外滩中央商务圈约2公里，距离南京东路商圈约2公里，距离不夜城商圈约2公里，距离四川北路商圈约1公里），大都会精粹荟萃一身，出门即享一城繁华。其次，立体的城市交通网络为项目出行制造便捷生活，马路对面就是轨道交通3、4号线宝山路站，步行12分钟即可到达8号线中兴路站，地铁10号线站点亦是步行可达，区域道路交通和核心生活配套一应俱全。复地新都国际，不可再生的地段价值决定了其未来的城市地位。

产品标签：国际一线品牌精装，24小时管家服务

作为市中心稀缺房源的精品代表作，复地新都国际精装生活，秉承复地集团“以人为蓝图”的理念：把对人的关怀放在第一位，让居住的安全和舒适成就复地新都国际的精品生活。社区车位配比近1:1，户型设计上从居住者需求出发，将舒适空间形态与城市中心居所跨界叠加，实现一步到位的市中心升级居住形态，部分大户型产品更是拥有6.7米大面宽客厅、中西厨房、舒适大阳台、双套房设计、步入式衣帽间、主卫双台盆等奢华配置。从精装车库大堂、豪华一层大堂，到室内居住空间，复地新都国际诚邀豪宅知名设计师联袂出演，全部户型均采用国际精装标准。国际一线精装品牌全阵容出列（美国GE通用电气、阿里斯顿全屋地暖系统、德国杜拉维特洁具、法国施耐德开关，德国高仪龙头花洒、意大利进口卡门入户门、德国旭格顶级门窗），久居其中，您不仅会被其彰显的奢华外表所震撼，更为其不求闻达的细节品质所感动。同时项目借鉴酒店管理中的“金钥匙”管家服务模式，推出12小时双大堂一站式接待、24小时贴心管家服务的双模式特色服务，全程服务住户需求的整个过程，在过滤访客、留言服务之外，大到家宴安排，小到宠物寄养、代订鲜花、园艺养护等通通代劳，使业主体验真正酒店式服务标准的居住品质和价值。

★ 中国名盘

2010CIHAF CHINA REAL ESTATE LANDMARKS

复地新都国际

复地集团 · 上海

金凤凰·温泉逸墅是苏州金宾士房地产开发有限公司开发的苏南首席温泉度假社区。本项目区位优势明显，占地约140亩，容积率近1.4，总户数677户，地处西张镇镇政府旁边。小区东临新西河，南临横塘河，东南面临界正孕育建造约1100亩的生态庄园。项目周边生活配套齐全，有超市，幼儿园、小学、中学，均便捷成熟，西面是金凤凰·温泉逸墅的业主天然会所——金凤凰温泉度假村，集餐饮、娱乐、休闲为一体，是张家港唯一的天然温泉休闲度假胜地，并充分利用自然能源，如热回收、水回收、一体式太阳能热水器装置、新效绿色能源太阳能路灯，地源热泵等先进技术，将低碳环保与您的生活紧密联系，有益健康。项目的西侧金谷路是凤凰的主干道，并贯连苏虞张、沿江高速公路，直通上海、无锡、苏州等地，出行便利。

金凤凰·温泉逸墅的建筑外观由台湾著名建筑师—郭章煜结合新亚洲风格亲力设计，根据绿色原生态生活品质的理念，妙手绘制双水岸自然景观蓝图，通过运用大面积沿岸绿化及水景，令禅韵风雅随处即拾，社区生活氛围更加和谐安逸。本项目建筑形态齐全，独栋、独联、双拼、联排、叠加、公寓、商铺及公馆均全面涉及，可满足不同客户的购买需求，设计师意在诉求宁静致远，超然

★中国名盘

2010CIHAF CHINA REAL ESTATE LANDMARKS

金凤凰·温泉逸墅

苏州金宾士房地产开发有限公司·苏州

脱俗的家园风景。为符合现代禅韵的设计理念，开发商在外立面上不惜重金大面积采用立方陶、石材、瓷砖、涂料等绿色环保材料，终在此方又添一独具匠心的传世佳筑。

金凤凰·温泉逸墅的秀美景观由日本景观设计大师——大川善成先生倾力设计，基于新亚洲禅意融合现代简约主义风格，浸透细致典雅的个性灵感，错落跌宕的层层绿衣曲水环抱，不单延伸着日本纯正悠久的温泉文化泡汤艺术，更呈现建设者以水养身，以景养心，良心造屋的宗旨。至今，本项目也是张家港地区唯一可以做到天然温泉到户的住宅项目，其中别墅住宅实现户户有温泉，在中国别墅房产市场中亦是极为罕见，成为拥有者对项目热力追捧且最推崇购买和投资的原因之一。

为保证业主家园的安全性和舒适性，景观设计师们专程设计了相应的车辆科学管理系统，分流来访车辆和入户业主车辆，并特别聘请全国首屈一指的物业公司——中奥物业有限管理公司，为所有临驾金凤凰·温泉逸墅的业主和贵宾提供全程优质的物业服务。

至此，苏州金宾士房地产开发有限公司率全体参与金凤凰·温泉逸墅的所有建设人，感谢各界对金凤凰·温泉逸墅的鼎立支持，并再接再厉、全力以赴打造更多像金凤凰·温泉逸墅一样的精品楼盘，秉承“良心造屋，真心服务”的经营理念，感恩自然，维护生态，回报社会，尽心业主。

伊泰·华府世家是由本地深具人望的资本巨擘——伊泰置业、大兴地产联袂北京华府置业鼎力打造的国内顶级精装传世大宅。以定制的理念，意欲为鄂尔多斯人在家乡定制的比肩一线、超越一线的中国首席家族精装大宅。发展商提炼大国文明与西方豪宅精华，根据鄂尔多斯世家信仰传承，大师赖特“草原宫殿”式风格重新解读中国府邸文化，寻求东方风范恒久尊崇与现代生活方式的最高理想，创造中国筑居新标准，回归中国家族精神坐标。

为保证能够为已经有诸多豪宅体验的鄂尔多斯人量身定制一处能够满足其物质、精神需求的家，发展商历时一年多对鄂尔多斯的城市、客群以及项目地块进行深入研究，并整合了国内乃至国际的各专业一线资源，无论从产品规划设计，环境改造，综合服务等方面，均达到了国内一线豪宅的水准。

项目地处鄂尔多斯东胜中心，东依伊化路、北靠乌审西街、西傍什拉乌素河、南侧隔纺织街坐拥浩瀚大湖，集住宅、商业、办公业态于一身的大型城市综合体。项目总占地20万m^2，总建筑面积59万m^2，容积率2.09，建筑密度仅18.7%。

项目绿化覆盖率高达70%。由拥有丰富设计经验的美国SWA设计公司、上海意格设计，国内顶尖的园林公司“星河园林”承建。其中约1.5万m^2的沿河绿化带，收集全国同纬度多年成木白桦，打造为全国罕有的城市白桦林景观带。项目自建苗圃，引进同纬度数十种稀有树种，提前驯养以适应鄂尔多斯气候，加以土壤改良，排盐排碱，保证景观能够繁茂生长。内部采用组团绿化及高差地形绿化相结合，多为大树植栽，密植处理，每个围合院落均处在绿色树木环拥之中。

项目是集公寓、商业、办公于一体的综合性房地产项目，以大面积平层豪宅为主，包括3000m^2的华府庄园(独栋别墅)、1000m^2的世家府邸（一层一户大平层）、360—570m^2

★ 中国名盘

2010CIHAF CHINA REAL ESTATE LANDMARKS

伊泰·华府世家

内蒙古伊泰置业有限公司·内蒙古

世家官邸，以及两栋为青年才俊量身打造的精英公寓楼。项目所配备的家具、家电全部采用国际一线品牌，包括美国科罗仕路的纯实木整体橱柜、美国顶级VIKING双开豪华冰箱、意大利SMEG厨房电器、德国杜拉维特洁具以及汉斯格雅的龙头花洒等。

由于当地天气干燥风沙大，产品采用了分户式的VRV中央空调，楼宇中央新风加湿系统，以便有效地调节室内的空气，即使在多风季节不用开窗户，也能够感受到室外大自然的清新空气。另外采用大面积落地观景窗户，使用了世界上最先进的低辐射三层LOW-E双中空钢化玻璃。夏天能阻止太阳光紫外线照射对室内的家具和地板造成侵害，防止变形。

伊泰华府世家12000m^{2}的会所——华府世家会，聘请北京四大顶级俱乐部之一——北京长安俱乐部经营管理，充分体现项目的豪宅品质。会所内囊括了热带风情阳光SPA、四季恒温泳池、住区私人影院、顶级雪茄吧、庄园级私人酒窖、红酒吧、棋牌室、400m^{2}亲子乐园、全包房式餐厅等高品质配套与设施，以及提供包括私人大厨，宴会助理，专业保姆，军警保安等多项顶级会员式专属服务。

作为一个高端生活社交平台，发展商通过华府世家会，整合国际一线品牌资源，从教育、健康、文化、艺术、奢侈品等多角度，全方位为项目业主提供了普通高端住宅所没有的生活服务资源。

项目的物业服务由绿城物业提供，绿城物业成立于1995年，在国内同行业中一直处于领先地位，所管理的住宅小区业主满意度达95%以上。高端物业服务的引进将为业主的高品质生活提供保障。

★中国名盘

2010CIHAF CHINA REAL ESTATE LANDMARKS

泛海城市广场

泛海建设集团·杭州

"泛海城市广场"位于浙江省杭州市钱江新城核心区内，钱江新城CBD为杭州市委、市政府规划建设的杭州城市中央商务区，标志着杭州从"西湖时代"走向"钱江时代"。未来将成为杭州政治、经济、文化、商业、商务的中心所在。

泛海城市广场位于钱江新城中轴核心，紧贴"市民中心—杭州大剧院—国际会议中心—波浪文化城"中轴，一线临江，坐拥上风上水之区位。

项目南向直面钱塘江，西侧和南侧环抱森林公园及城市副阳台，北临城市标志性建筑——市民中心、杭州国际会议中心和杭州大剧院以及波浪文化城，处在西湖——钱塘江快速景观走廊的东端，尽览钱塘江一线江景和城市阳台景观，地理位置和商务环境十分优越。

项目位于城市交通枢纽中心位置，城市主干道、地铁、公共交通组成立体交通网，车行10分钟即到杭州火车站，25分钟即到杭州萧山国际机场，与重要商务交通结点半小时覆盖。

项目占地面积约43000m^2，规划总建筑面积约29万m^2，项目包括国际5A甲级写字楼、白金五星级酒店及SOHO中心于一体的城市综合体。

泛海国际中心概况

其中，泛海国际中心为泛海城市广场的商务办公部分，包括三幢国际5A甲级写字楼，用地面积17992m²，总建筑面积17万m²。地上部分为A、B、C三幢塔楼，地上建筑面积（不含避难区及连廊面积）共计13万m²，建筑高度约150米。其中A\C座32层，B座36层。

标准层单层建筑面积约1400m²。标准层4米层高，2.7米的净高。

地下室全部连通，共两层，其中地下二层为汽车库、水泵房、冷冻机房等；地下一层为商业用房、物业用房、职工餐厅、汽车库、变电所、锅炉房等。

建筑与景观

泛海国际中心建筑设计由英国阿特金斯担纲，该所是国际上领先的大型顾问公司，在伦敦上市。目前已成为世界排名第五的设计公司。泛海国际中心的设计采用简洁独特的立面设计，八角型窗设置，将东南向与西南向的江景资源做到最大化，同时，这种简洁立体的造型设计，更加有利于办公空间的使用效率，也降低了能耗。

泛海国际中心拥有大气恢弘的一线江景资源，东南向可欣赏城市阳台景观，西南向可欣赏钱江三桥景观，周围还有森林公园绿地景观及钱江新城市民中心、国际会议中心、杭州大剧院等地标建筑的建筑景观，景观资源得天独厚。

景观设计由荷兰NITA DESIGN GROUP（尼塔设计）担纲景观设计，主设计师Niek Roozen为荷兰王国指定涉外设计师，主要作品包括上海世博会世博公园景观设计、上海世博村景观设计等。泛海国际中心的绿地面积超过2700m²。

硬件亮点

泛海国际中心幕墙石材采用50毫米厚的保温岩棉及断桥隔热型材，石材全部为原装进口沙特高档石材，外立面美观大气，也有效阻止室内外热量传递。

泛海国际中心采用局部呼吸式幕墙，夏季利用烟囱效应，空气在双层幕墙空腔内形成自下而上的空气有序流动，最后由排风口排出，达到节约能耗并可提高幕墙的热工性能，降低内层玻璃表面温度，减少辐射强度，达到改善室内热舒适性的目的。冬季时关闭进、排风口，空腔在太阳辐射下形成热气流，提高内层玻璃表面温度，降低表面玻璃的冷感，节省采暖能耗。同时，双层腔体可以达到雨天开窗通风的效果，改善室内空气质量。玻璃采用低辐射双银LOW-E中空玻璃。

泛海国际中心共配备垂直电梯30台，采用原装进口OTIS品牌最先进的E-CLAS体型。每幢楼各10台（包括4台高区客梯、4台低区客梯、1台转换电梯和1台消防电梯），另有自动扶梯4台通往地下室，共34台电梯。高、低区客梯速度分别达6m/s和4m/s，且高、低区客梯可实现分区群控。电梯五分钟运送能力达到11%，平均候梯时间少于40秒。

泛海国际中心采用冰蓄冷VAV全空气变风量空调系统，采用电制冷、冰蓄冷和低温技术相结合的方法，利用峰谷电政策降低能耗成本，大幅度减少了用电高峰用电负荷和设备运行噪音，可根据区域内负荷的变化来改变送风量，提供更为良好的舒适性，并达到节能效果。空调主机为美国约克品牌。

在智能化方面，泛海国际中心的消防报警系统采用HONEYWELL旗下的德国安舍ESSER，强电系统配置电气火灾漏电报警系统设备，语音通讯系统采用德国西门子品牌，防盗报警系统采用德国博世，达到5A智能化标准。

配套及物管

泛海国际中心共配备1700m²员工餐厅，可同时容纳750人同时进餐，另设行政餐厅用于商务宴请；设有450m²的会议中心，容纳80人会务；此外还设有商务中心。

泛海国际中心共有车位466个，此外，项目内大酒店地下可提供180余个车位用于写字楼泊车需求。

项目由世界五大行之一世邦魏理仕担纲前期物业顾问，提供全程VIP定制服务，给客户带来商务办公的顶级服务体验。

JQK咖啡
business coffee

2010CIHAF CHINA REAL ESTATE LANDMARKS

金科·廊桥水乡

金科集团·成都

重庆“双核时代”，催生西部新城“活地”价值

2010年11月2日，位于重庆西部新城的全国最大综合保税区——重庆西永综合保税区（一期），通过海关总署等国家十部委正式验收，封关运行在即，它将和两路寸滩保税港区一起，构建起重庆水陆空保税的“双子星座”，成为重庆打造内陆开放高地的重要平台，助推重庆加快建成中西部第一大加工贸易基地。以产能价值带动区域价值，西部新城“活地价值”日益凸显。

重庆宜居典范　金科大盘力作

重庆金科·廊桥水乡，地处西部新城价值腹地，坐落缙云山下，四周高校林立，拥有得天独厚的自然资源和人文资源。项目系金科地产2010年倾力打造的1800亩高端复合项目，也是重庆地产宜居项目典范。项目引入国际化规划理念，现代园林工法，先进全面邻里住区配套，共同营建符合国际居住理念的高端住区。项目一经面世，即获“国际标准示范楼盘大奖”、“台湾中华建筑金石奖”、“中国房地产住宅项目品牌价值10强”三大殊荣。

重庆掘金当时，廊桥水乡成价值翘楚

2010年3月，金科大学城项目正式动工，8月，集金科12年大成之作廊桥水乡大美初现。短短5个月时间，从动工到开盘，从1800亩水岸社区的整体规划到12万m^2超大示范区精细打造，大学城项目不但成为了重庆地产项目宜居范例，更在全国形成较大影响力。自开放以来，共接待全国规划年会专家参观团、全国媒体参观团等考察团队80余家。其现场打动力及优质服务得到专家、业界、客户高度评价。9月，项目开盘即受市场哄抢，129套高档住宅两天之内一购而空，荣登重庆单盘销售第5名，别墅销售第1名榜位。2011年，随着重庆经济发展提速，大学城板块区域利好不断，廊桥水乡4万m^2运动公园全城开放，别墅、洋房、高层多种产品交替上市，金科·廊桥水乡势必成为2011年重庆大盘翘楚。

金科·廊桥水乡，不仅占据国家政策密集受惠区的地缘价值，同时占据区域价值洼地投资先机，“活地”价值一再凸显。置业金科·廊桥水乡不仅可以畅享宜居生态大社区带来的高端品质生活，更因拥揽西永保税港区、西部新城等诸多利好而成为楼市当之无愧的价值明星。投资重庆价值洼地，收获稳定物业增值，首选金科·廊桥水乡！

★中国名盘

2010CIHAF CHINA REAL ESTATE LANDMARKS

金科王府

金科集团·北京

金科地产12年，法国宫殿巅峰之致

“金科王府的推出，源于我们对土地的理解，对产品的深度挖掘，以及对居者的充分尊重。”金科集团董事长黄红云先生这样表示。12年来，金科地产始终肩负“建筑人居梦想”，秉承“做好每个细节”的公司理念，通过不断规模化扩张，为全国10座城市的20万忠实业主提供舒适的居住体验，赢得社会各界的高度认可。

一直以来，金科地产在产品上的创新和研发能力在行业内处领先地位，特别是在高端住宅的打造和创新上更是一枝独秀。在注重产品细节的同时，金科地产相继开发了众多让业界震惊的优质项目。专注产品品质，专注客户需求的金科地产，产品早已令市场心服口服。

2009年，北京金科地产首个项目——金科·帕提欧一亮相，就成为了区域瞩目的热点。2010年12月，金科地产最新的法国宫殿产品——金科王府再次蓄势而发。这是金科·帕提欧的全面升级之作，将引入金科地产最高端的产品线，将奥北区域的产品品质升级到一个全新的高度。作为奥北区域今年标志性代表作，金科地产一直坚持的品质开发理念将在这个产品上充分实现，张扬着金科地产“住宅专家”的无限底气。

金科王府，百年皇院里的法国宫殿

据介绍，金科王府，位于北京城市中轴的北延长线，小汤山九华山庄向东300米，传统的小汤山温泉度假区核心位置；南侧紧邻北六环，东距京承高速3公里。项目北依温榆河支流葫芦河，东靠蔺沟河，两水蜿蜒

交汇。更兼之小区内部百余株百年以上树龄的参天古树，使得整个项目成为一个名副其实的依山伴水之地。

循凡尔赛宫巅峰特质，重现波旁王朝鎏金生活

金科王府，不论是规划、建筑还是园林，都借鉴法国宫廷造园家勒·诺特的凡尔赛宫造园手法。以古典主义建筑律制，营建植根东方之土的法国宫殿别墅群。遁循勒·诺特式凡尔赛宫特质，住区采用南北对称轴线，充分体现了建筑的严谨布局。

金科王府，创新诠释法国皇家行宫对称、均衡以及极度舒适的设计精髓，潜心雕琢法国宫殿别墅群产品，营建出世界级传世经典。金科王府的建筑讲究左右对称，造型轮廓整齐、庄重雄伟，彰显了强烈的仪式感与尊崇感。建筑细节上，大量采用的厚山花、高台阶、粗柱廊等经典元素，通过对称感的空间布局与精细入微的艺术雕刻，将雍容华贵、庄重典雅的皇家气韵表露无遗。其外立面石材选择颇为考究，比对凡尔赛宫石材标准，远赴重洋定制的“葡萄牙太阳金”天然进口石灰岩，气质庄重、典雅，色泽均衡统一。在当代以路易十四宫廷造园家的手笔造一座园，呈现法国波旁王朝的鎏金生活。

汲法国宫廷造园家精髓，宫苑华美以悦贵尊

金科王府，作为百年园林中的法国宫殿别墅群，汲取勒·诺特式宫廷庭园之上上精髓，将传统中式皇家园林与路易十四宫廷庭园手笔相融合，打造最佳园林效果。风格独特的勒·诺特式宫廷园林，采取严格的几何构图，园内树木花草别具匠心，美不胜收。运用中西融合的造园手法，将传统的东方皇院意境导入典雅法式之中。采用线型布局方式，以严谨的律式强调中央主轴线，结合绿化树种的多样性，和勒·诺特园林式样的雕塑、花坛、绿丛、水钵、廊架……融合在一起，形成连续的自然人文景观。园区的景观主轴从宫殿别墅前方射出，园林编织在条理清晰、秩序严谨、主次分明的几何绿植网格之中，强调几何构图感。作为法国宫殿别墅群的“露天客厅”，恢弘而华美。

作为金科地产落子北京的最高端住宅产品，金科王府，集金科地产12年高端住宅开发经验之大成，以各种独有的资源优势，一脉贵承中轴龙脉的皇家血统，相权登峰造极整个欧洲的凡尔赛宫，以严谨律制营园建宫，将法国皇苑与东方行宫、西方建制与千年龙脉、百年皇院与勒·诺特式园林、宫廷礼仪与现代生活淬炼凝华，终成百年皇院里的法国宫殿，为全球层峰人士打造高端质感生活。实景示范区现已全面公开，敬请关注。

富力公园28是富力地产倾力打造的豪宅公寓项目，位于珠江新城马场路与金穗路交汇处，珠江公园中央豪宅区内，由5栋48层超高层星级酒店公寓错落布局组成，每户绝版南向28万m^2的珠江公园全景，且将新电视塔“海心塔”、西塔等地标性景观一览无余。项目周边配套设施齐全，交通便利，距离地铁五号线潭村站仅3分钟路程。项目特邀陈建中设计事务所、ACLA、美国HPS等顶尖设计团队联合打造。凭借富力地产成功运营CBD两大白金五星级酒店的经验，富力·公园28首创双五星尊寓服务体系，为住户提供最尊贵的酒店式5A物业服务。

从4月推出至今，富力公园28一直以遥遥领先的势头位居广州公寓销售榜首席，于过去3个月更是取得超过6亿元的热销佳绩，全年热销11亿元，提前锁定了2010年广州公寓销售的冠军。 以下将重点介绍富力公园28具有的几项冠军级优势：

★ 中国名盘

2010CIHAF CHINA REAL ESTATE LANDMARKS

富力公园28

富力地产・广州

CBD价值新高，48层无极珠江公园全景

富力公园28位于珠江新城马场路与金穗路交汇处，珠江公园中央豪宅区，是目前为止珠江新城CBD最高的豪宅公寓。现推出的是3栋48层正南向板式大户，创造了无限开阔的视野。绝版南向28万m^2的珠江公园景观，并且将新电视塔“小蛮腰”、西塔等地标性景观一览无余，这样毫无遮挡的视野在珠江新城绝无仅有。15层以上单位更可以饱览珠江美景，并能无一错过地尽情欣赏所有重大节日里鸣放的璀璨烟花盛况。

大师级设计，超越品质的品位

富力公园28推出的产品为156-273m^2的楼王大户，采用三梯两户主仆动线分离的尊贵配置。高品质的交楼标准由担纲墨尔本柏悦大酒店、钓鱼台国宾馆等项目设计的全球星级酒店设计公司——美国HPS设计事务所量身定制。从精细到极致的追求，一切大师级的经典笔墨，只为完美品位的缔造。

富力公园28，力邀香港顶尖室内设计师陈建中，以黄色水晶盒概念打造至尊级私人会所，展现雍容气度，享受优雅的层峰生活。15000m^2立体空中园林由国际性知名园林事务所ACLA设计，尽显园上造园的神秘景致，展现珠江新城未曾想到的美，自然流露非凡气质。

双五星酒店服务，双总统套房设计

富力公园28的规划设计围绕高端酒店尊寓的定位来展开。比如采用国际原装进口高速电梯，3梯2户主仆分流系统，双入户、双总统套房的豪宅公寓设计，同时兼顾业主的私密性与舒适性。此外，富力・公园28业主会所【尊享会】，将会超越以往一般的业主会所配置常规，立意打造与尊贵住户匹配的高级私人会所。凭借成功运营珠江新城两大白金五星级酒店（富力丽思卡尔顿酒店、富力君悦大酒店）的经验，首创双五星酒店尊寓服务体系，为全城懂得生活享受的名门提供最尊贵的酒店式5A物业服务。

完善成熟配套，成就立体生活价值

富力公园28所在的珠江新城东部中央豪宅区是珠江新城综合配套最为完善的高尚居住区，北临大型的太阳城购物广场，紧邻地铁五号线谭村站，悠然享受休闲购物的乐趣，交通的便捷。邻近暨南大学、华师大等重点高校，未来，将有13所中小学汇集东区，完善的教育配套，浸润人文与气质。此外，项目内部配置的健身房、瑜伽俱乐部、星光恒温际泳池，更是释放压力，沉淀心境的好去处。

十二院城位于山西省太原市万柏林区，汾河以西、太原市城市主干道和平南路，九院沙河交界处。项目总占地近500亩，规划总建筑面积突破100万m²，产品类型囊括：城市别墅，瞰景公寓，花园洋房。项目内以十二花神命名十二组团景观各主题院落和水池，使得城市友居、友邻氛围得以延续，项目改建的芙蕖园与华夏公园连成一片，让业主和周边居民尽享低迷生态健康的高端品质生活。

由海尔地产和雅世集团强强联手，太原新凯房地产开发有限公司开发，是新凯房地产开发有限公司在山西省打造的“新东方主义”第一盘，是太原房地产市场中高端项目的代表作。

百万平米顶级规划　瞰世界的新大院

【萃取盛唐长安城“里坊院落”精髓 百万平米造城】

十二院城在总体规划上，萃取盛唐长安城“里坊院落”精髓，项目立基于城市历史文脉与东方传统建筑文化基础之上，借鉴古代城市的恢弘布局，萃取盛唐“里坊院落”精髓，以街、曲、府、坊、市、瓦子为基本格局，规划尺度宜人的社区网络体系，将项目划分为12个组团。独特的“四街五曲”布局，使十二院城的各组团和谐共生，与盛唐古韵暗合。同时融入地域文化特质，将三晋的院落建筑文化演绎到现代人的居住尺度中来，在组团内部设计有层次丰富的院落空间。

【三重院落 源自晋商大院里的深藏】

十二院城，深谙晋地院落文化精髓，采用以人为本的新东方主义设计理念，以三层递进式院落贯穿景观体系。从社区大院落、各组团院落到空中花园，层层荡涤归家心情。以不超过5分钟的最佳步行距离，均匀分摊院落景观资源，让人回归院落围合的诗意画卷。

【十二花神庇佑下的十二院落组团】

十二院城与十二花神的人文风骨相契合，并以十二花神命名十二组团景观主题。

★中国名盘

2010CIHAF CHINA REAL ESTATE LANDMARKS

十二院城

青岛海尔地产集团有限公司 · 太原

承载千年文脉，恢弘建筑构筑品质卓然

十二院城建筑设计上，选择焕发新意的色彩与材质，以东方气质体现色彩感。项目选择了与建筑风格相契合的红、金、绿色构成的恢弘立面，这种古朴典雅又带有神秘感的色彩运用，为建筑平添了东方神韵。

【焕发新意的色彩与材质】

建筑的东方气质体现在色彩感上，十二院城选择了与建筑风格相契合的红、金、绿色构成的恢弘立面，这种古朴典雅又带有神秘感的色彩运用，为建筑平添了东方神韵。

【全精装户型】

住宅采用全精装设计，响应国家号召，避免二次装修污染。装修设计主旨：汇聚东方灵气和西方机巧，将传统生活的审美意境与现代生活方式有机结合，从而彰显更富魅力的新东方风格。

【灰空间里的大自然】

十二院城，十分注重对灰空间的营造，精心考量阳台、花园的尺度，使人充分与自然沟通。

【空中庭院里的绿意】

十二院城，充分考虑人群的居住感受，采用全方位的立体绿化系统，富于创见性地将双层阳台、空中庭院引入太原，为居住者营造更多绿意空间。

【东西市——逛东西 买东西 吃东西】

十二院城，规划了新东方主义商业体系——东西市。东西市，面向城市中坚消费力量，定位为城市文化休闲体验中心。

【瓦子——拥揽世界的文化沙龙】

十二院城从创造“新生活方式”的角度演绎会所的主题、功能和形态，会所的定位问题将变得更有意义。瓦子，源自盛唐时综合性文娱场所，兼容小型影院、书吧、咖啡吧、儿童活动中心、健身房、家宴式餐厅等设施，让业主真正享受“精致户型里的大生活”。

★中国名盘

2010CIHAF CHINA REAL ESTATE LANDMARKS

清华·忆江南

郑州清华园房地产开发有限公司·郑州

一、楼盘基本情况

楼盘名称：清华·忆江南

开发商：郑州清华园房地产开发有限公司

项目位置：大河路（北四环）北侧

目前房源状况：清华·忆江南三期山屿热销中

热销产品类型：花园洋房、情景洋房、世家、空中VILLA、联排、双拼、独栋

历史销售状况：一期、二期销售率90%；三期在售

价格：花园洋房均价3900—4500元/m^2；情景洋房均价6500元/m^2；联排均价9500元/m^2；独栋、双拼均价15500元/m^2

二、项目简介

清华·忆江南是郑州清华园公司践行“中原游闲文化领跑者”的一次成功尝试。项目位于大河路北四环北侧，东西长约2.5公里，南北宽约1公里，规划总占地5000余亩，是集旅游产业园、历史文化庭院、四星级温泉酒店、独立别墅、联排别墅、山水洋房、温泉公寓等多种规划于一体的大型旅游、休闲、度假社区。

清华·忆江南2007年正式开工建设，项目整体自东向西开发，预计开发周期为8-10年，2008年3月进入销售阶段。清华·忆江南一期枇杷岛位于整个项目的东南部，占地面积37亩，建有24栋别墅，共28户，总建筑面积9201m^2，每栋别墅平均占地面积约为1000m^2。枇杷岛四面碧水环绕，每栋别墅屋顶还安装了一个人工降雨系统，360度旋转喷洒水雾，不仅净化生活空气，同时也呈现了一道烟雨江南的亮丽风景线。

清华·忆江南二期伴山居位于项目东侧，紧临枇杷岛北侧，依山就势，凭借北高南低19米的落差和大面积朝阳坡地的珍稀地势资源，全力打造中原地区难得一见的坡地建筑。二期伴山居共有建筑37栋，产品丰富多样，包含联排别墅、坡地洋房、情景洋房、花园洋房、温泉公寓等，错落有致的层层退台、无遮拦的阔绰观景视野，最大程度地实现了人们回归自然的梦想和精神追求。

清华·忆江南三期山屿，生态洋房样板区，49-62m^2度假公寓、71-98m^2闲适两房、115-165m^2世家三房、154-175m^2阔景复式等多重置业空间，全方位满足了客户的多样置业需求。双水双气、24小时温泉入户、低温地板地暖系统，诸多国际领先低碳建材诠释自然、生态生活的真谛！超高绿化率、超低建筑密度筑就原味江南小镇！

★中国名盘

2010CIHAF CHINA REAL ESTATE LANDMARKS

三亚湾红树林度假酒店

今典集团·三亚

今典集团红树林系列度假酒店的设计和整体效果缘起今典集团取得的成就和经营理念。其中目前在售的三亚湾红树林度假酒店是中国首座巨无霸式酒店，5000余间客房相当于10座五星级传统酒店，两座澳门威尼斯人酒店，是融度假、水上休闲、体育竞技、赛狗、巅峰娱乐、全球美食、购物体验、商务、超级会议、主题会展等功能于一体的酒店集群（综合体）。以世界级“度假目的地酒店”为打造标准，更成就了三亚湾红树林度假生活的美仑美奂。

三亚湾红树林度假酒店宴会设施首度引入拉斯维加斯“超级会议会展”概念，宴会厅可容纳6000人同时开会、用餐，是三亚唯一有能力集中承办千人以上大会和集体活动的场所。借鉴拉斯维加斯成功的会议会展模式，为企业年会、大型公关活动、国际商贸交流活动、政府会议等提供首选解决方案。

红树林连锁置换权——红树林旗下酒店互动置换，买三亚湾，住亚龙湾、海棠湾、青岛、云南、广东从化……自由换住。

企业置业红树林，依托红树林唯一的全国连锁运营体系以及红树林享有的尊贵特权，充分享受冬季住三亚、夏季住青岛，五星七星随意畅想的理想生活，并借比达到企业的形象升级。

独立产权：红树林度假酒店的每间客房都拥有独立的商品房产权，作为红树林的业主拥有完全处分、转让、抵押，达到企业的资产升级。

★ 中国名盘

2010CIHAF CHINA REAL ESTATE LANDMARKS

盛唐至尊

洛阳天基地产有限公司 · 洛阳

盛唐至尊项目是加拿大金鑫集团、河北南海集团集20年地产开发经验、40亿元大手笔共同投资，由洛阳天基地产开发的集高端住宅、商业、公寓为一体、总建面达80万m^2的现代花园式人文社区。

项目位于河南省洛阳市王城大道与古城路交汇处西北角，总占地225亩，总规划用地15万m^2，建设用地13万m^2，总建筑面积约80万m^2；规划19栋高层，项目规划产品丰富，包揽面积70—240m^2的12个经典户型；特性上彰显洛阳千年古都现代生活的升级，着眼中华民族盛世情结的回归；更多的强调文化内涵的丰富和生活质量的提升。

项目建筑风格为新中式·纯皇家建筑风格。盛唐至尊开启皇家居住文化之先河。采用皇家风格色彩立面，运用新中式艺术造型经典元素，继承中国传统建筑文化底蕴及设计精髓，雄浑、宏大、沉稳、大气、宁静，既具皇室华贵内涵，又具优雅、浪漫、时尚感，凸现恢弘厚重、大气威仪的皇家建筑尊贵气质。

项目建筑外观设计上通过浮雕、石材、穹窿、转角、顶阁、雕塑、连廊、屋顶、挑檐等各种艺术造型经典元素的新古典建筑符号装饰，斗拱梭柱，飞檐起翘，庄严雄伟，舒展大方，体现恢弘厚重、富丽精致的皇家大宅典范气质。

在建筑色彩上，在高层建筑的局部，采用皇家建筑的专用色彩——木色的传统褐红色，在千年皇室贵族府邸属地，再度营造传统皇家建筑的宏大与富贵，彰显居者身份。

项目景观设计以中式皇家园林风格为基础，高达10万m^2的皇家园林由寓意深远的五大景观组团组成，与恢宏大气的皇家建筑主题统一协调，突出大气威仪的环境气质；采用中国古典皇家园林的造园手法，运用现代的景观元素，营造丰富多变的景观空间，达到步移景异，小中见大的景观效果。

项目所处地段为洛南新区高尚住宅区黄金三角中心位置，是洛阳新市委市政府旁边的最后一块开发用地，地脉为十三朝帝都行宫所在地，皇家龙脉浑然天成，更是洛阳新区发展核心之地，天赋优越，弥足尊贵。

盛唐至尊周边景观资源丰富，东望隋唐遗址植物园，130万m^2绿地，多达1500种植物令人流连忘返；北瞰凝碧湖，周边更有大明湖、太液池、留香溪等高达18万m^2水域景观，是洛阳罕见的亲水景观社区。

在周边配套上，紧邻洛南行政中心、世贸大厦、五洲广场、正大广场等商务中心；西邻实验小学，双语幼儿园、四所名小、五大中学、一职高、三大院校等教育设施环绕其旁；周边商业设施有大张盛德美、丹尼斯、苏宁、荣威、红心美凯龙、欧亚达家具、居然之家、王府井百货，新都汇商业街，银泰百货等洛阳顶级商业；在医疗配套上，八大医院，二所社区医疗服务中心居项目周边；在金融服务上，兴业银行、洛阳银行、建设银行、交通银行、中国银行等各大金融机构林立；项目周边更有洛阳知名品牌酒店——雅香金陵大酒店、钼都利豪国际饭店、中和国际酒店等；休闲设施配套齐全，项目周边市羽毛球馆、网球馆、游泳馆、新区体育馆、新区歌剧院、新区博物馆环布四周！

项目周围的交通出行十分优越，所处新区交通枢纽核心之地，三面临路，多达11条公交出行线路。约4公里10分钟车程抵龙门高铁，约10公里20分钟车程直达洛阳机场。

项目不仅拥有周边人文、医疗、商业、娱乐等生活配套成熟完善，社区内更有高尔夫、红酒廊、雪茄吧、咖啡屋、SPA水疗、私人影院、室内运动场等五星级皇家会所，是洛阳唯一真正意义上集皇家龙脉、皇家建筑、皇家园林、皇家会所、皇室生态、皇室配套于一体的新中式皇家大盘。

GLORY AND DREAM

2010 CHINA REAL ESTATE 3-CIHAF-AWARDS COLLECTION

名人

2010CIHAF十大风云人物推介榜入围标准

1. 参加推介的候选人必须是在中华人民共和国境内有注册商标的房地产开发公司担任主要负责人（董事长或职业经理人）。

2. 候选人以房地产为主业，以市场为导向，通过市场组织资源，有较好的业绩，较好的资信，所经营的企业有一定的规模，在全国房地产界有较高影响力的开发商或职业经理人。

3. 候选人须对当地房地产业的发展做出卓越贡献，其企业及楼盘在当地具有极高的知名度和美誉度，在行业理论上有较高建树，有独到的开发或产品理念，候选人操作的地产项目必须具备一定的创造性和市场引导性。

4. 候选人开发操作的地产项目必须是地产界知名项目，其项目对地产界有较高的影响力。

5. 候选人所领导的企业必须在2009—2010年度的开发量超过20万m^2、销售量超过15万m^2。

6. 候选人必须在2010年度发表对房地产业界产生重大影响的观点和思想，或在产品开发、企业管理等方面有重大创新和提升。

2010CIHAF十大新领军人物推介榜入围标准

1. 参加推介的候选人必须是在中华人民共和国境内有注册商标的房地产开发公司担任主要负责人（董事长或职业经理人）。

2. 候选人以房地产为主业，以市场为导向，通过市场组织资源，有较好的业绩，较好的资信，所经营的企业有一定的规模，在全国房地产界有一定的影响的开发商或职业经理人。

3. 候选人须对当地房地产业的发展做出突出贡献，其企业及楼盘在当地具有极高的知名度和美誉度，在行业理论上有一定建树，有独到的开发或产品理念，候选人操作的地产项目必须具备一定的创造性。

4. 候选人开发操作的地产项目必须是地产界知名项目，其项目对地产界有一定的影响力。

5. 候选人所领导的企业必须在2010年度有较高的成长性，企业发展势头良好。

6. 候选人所领导的企业必须在2010年度的开发量超过10万m^2、销售量超过7万m^2。

7. 候选人必须在2010年度发表对房地产业界产生较大影响的观点和思想，或在产品开发、企业管理等方面有较大创新和突破。

2010

2010CIHAF CHINA REAL ESTATE TOP 10 CELEBRITY

CIHAF中国房地产风云人物

王健林 大连万达集团股份有限公司 董事长

他是中国商业地产的绝对领导者，集远见、创新与强大的执行力于一体。他一手缔造出千亿级商业帝国，成为中国商业地产行业的绝对第一，乃至定义了中国商业地产行业的发展模式。

他远见卓绝、长于创新，当房地产调控一波紧过一波之时，他已携数十个万达广场呈冲天之势；他是一个“做加法”的传奇，商业地产、高级酒店、文化产业、连锁百货、旅游度假，无所不精。

2010年，他登顶地产行业首富。他也曾说“最高尚的人不为自己活，不为自己死”，所以他仗义疏财，乐善好施。他恪守“创造力、坚持和责任”为企业家精神内核，完美诠释企业家的责任与担当。

他就是王健林，大连万达集团董事长。

郝建民 中国海外发展有限公司 执行总裁

从2002年执掌中海地产至今的八年间，他引领着中海地产凭借着严谨与厚实，稳健前行！

2010年中国海外实现市值1100亿港元，居行业首位；今年上半年，中海地产实现净利润50.5亿港元，成为中国房地产企业名副其实的“业绩王”。由“精细的产品质量”至“创新”与“超越”。在规模稳定的前提下，中海地产在已经盘踞的优良资源上，卯定“诚信、创新、务实、求精”的价值观，并寻求扩张的速度和规模之间的平衡。郝建民所执掌的中海地产，正一次又一次地以傲人的成绩问鼎行业之巅。

冯　仑　万通地产　董事长

冯仑显然有一个更前卫的思想坐标架构，近代中国企业史观察是冯仑思考的纵向坐标，对欧美企业史的比较性分析则是他的横向坐标。从这样开阔的思维空间俯瞰，冯仑理所应当成为当代中国企业和企业家的发言人。和那些单纯追求工具理性的商人有所不同，冯仑更加关注中国企业家整体意义上的价值，因此，才有了彻头彻尾的绿色战略和奇思妙想的立体城市。在所有的企业范式中，他把企业和政府的关系当成了中国企业史的第一主题，沿着这样的路径，多年以来，冯仑嬉笑怒骂，插科打诨，他的思想成为了中国地产界乃至商业界的一道独特风景。

2010

2010CIHAF CHINA REAL ESTATE TOP 10 CELEBRITY

CIHAF中国房地产风云人物

卢　铿　海尔地产集团　董事长

卢铿是“中国地产界的思想家”，他所倡导的“新东方主义”和“小户大家”在房地产界和文化界引起了广泛的关注。自担任海尔地产集团董事长以来，卢铿正在带领这家承继海尔基因的地产企业进行着一场在业界具有革命性意义的变革，以海尔精细化的制造业模式改造中国房地产企业的固有模式，并推动以整体家居、成品房为核心的住宅产业化，实现以海尔地产为平台，整合产业链条，为购房者提供“美好家居生活”的整体解决方案。他所领导的海尔地产，在进行着向精细化建造转型、向服务业转型的变革的同时，业绩也实现了四倍速的增长，成为行业内崛起速度最快的企业之一。卢铿所进行的实践，无论是精细化管理、向服务业转型，还是“新东方主义”和“小户大家”，都正在改变着行业的生态，改变着地产业的固有商业模式。

2010

2010CIHAF CHINA REAL ESTATE TOP 10 CELEBRITY

CIHAF中国房地产风云人物

刘晓光　首创置业　董事长

他是中国最早利用资本市场进行国企整合的企业领导者之一，是中国地产界最善于舞动资本之翼的企业家之一，他现在还在思索更多的转型和突破。这位融合了激情、谦和和责任的国企守护者——刘晓光，正试图在固有的地产思维与模式之上，寻求能将市场化思路、资本化运作和国企气质相结合的新模式。一年来，刘晓光在全国范围内积极布道首创奥特莱斯“芭蕾雨”的概念，这一融合了产业发展、城市升级、政企共赢的城市运营之道，出色的扣住了新时期中国城市化进程的脉搏，在这种全新的造城理念下，首创置业也得以向业界诠释其对地产发展新趋势的解读，那就是“全价值、全生活”。

2010

2010CIHAF CHINA REAL ESTATE TOP 10 CELEBRITY

CIHAF中国房地产风云人物

李思廉 广州富力地产股份有限公司 董事长

刚刚落幕的广州亚运会让富力集团董事长李思廉再次走到全国人民的聚光灯下，刚刚公布的280亿元的销售业绩，让富力在第一阵营领跑中国地产行业。李思廉以独到的眼光带领富力集团走到了今天的辉煌，在他的领导下，富力以“规划与时俱进，紧扣城市化建设”作为自己的拓展模式，成功的策略使富力的每一个项目都成为城市发展的坐标，单项建筑面积超过 50万m^2的六大旗舰项目——北京富力城、富力又一城、广州富力城、富力桃园、天津富力城和西安富力城更是其中的扛鼎之作。在经营模式方面，除住宅、写字楼及商业等物业销售外，富力还以物业租赁及酒店经营等作为收入来源，并建立了自己的建筑公司、设计院、监理公司、物业管理公司。李思廉实现了富力地产“做一体化地产运营商”的成功转型，同时在公益事业上也不遗余力，为富力品牌的价值增彩不少。

此面尚有1000字未排完

张宝全 今典集团 董事长

他是地产行业的专业级玩家，他是文艺气息最浓的地产商，他是理想主义的电影投资人，他横跨地产开发、文化艺术、电影投资三界，他就是今典集团董事长张宝全。

今年，今典集团在青岛开始建设中国北方最大的度假酒店，同时在云南丽江和广州从化红树林度假酒店的兴建计划也已经开始启动。作为今典集团股权式酒店的模式创新之作，三亚湾红树林酒店也在今年3月开盘后销售额达十余亿元。

对于张宝全先生来说，今年是收获的一年，也是挑战的一年。由他带领的旅游度假地产旗舰势必将驶向21世纪第二个十年地产蓝海。

PRICE
S#
MAIN
8155
Yeung Kwok

2010

2010CIHAF CHINA REAL ESTATE TOP 10 CELEBRITY

CIHAF中国房地产风云人物

杨国强　碧桂园集团　董事局主席

杨国强领军的碧桂园已经走过了十八个年头，截至目前，这家来自珠三角的企业已经在全国拥有近80个高品质地产项目，服务逾25万业主，成为国内最大的综合性房地产开发企业之一。碧桂园的大部分项目都位于三四线城市的城乡结合部，通过项目投资开发、吸收当地就业、拉动相关产业发展以及积极纳税、支持当地公益事业等，为欠发达地区的发展做出积极贡献。在企业和社会效益高度结合方面，杨国强做出了值得尊敬的表率。

2010

2010CIHAF CHINA REAL ESTATE TOP 10 CELEBRITY

CIHAF中国房地产风云人物

郁　亮　万科企业股份有限公司　总裁

稳健，低调，刚柔并济，处在行业巅峰的万科需要这样一个领导者，郁亮出色地诠释了这样的角色。在这位谦卑而严谨的舵手指引下，万科不仅没有被迎头赶上，向前奔跑的脚步反而更加迅疾。在调控之年销售额几乎锁定千亿元，这份答卷让行业对万科和其背后沉默的郁亮肃然起敬，而这些仅仅是一部分。绿色低碳的孜孜努力，住宅产业化舞台上华丽的独舞，商业地产雄心的不断兑现，郁亮一直在脚踏实地地推动着万科的转型和升级，并且酝酿着一场崭新的商业模式革命。一个词，可以将郁亮和万科的形象完美叠合在一起，“重剑无锋”。

2010

2010CIHAF CHINA REAL ESTATE TOP 10 CELEBRITY

CIHAF中国房地产风云人物

黄红云　金科实业（集团）有限公司　董事长

黄红云是重庆人的代表，踏实勤奋又善于冒险、精打细算又乐善好施。他以工程师的严谨和艺术家的想象，将旗下的房地产项目打造成让人惊叹的作品，金科作为“产品专家”在产品细节的打造，园林技法，成本控制上都有独到之处。对产品品质的苛刻追求，对产品研发的锲而不舍，使得金科在消费者心目中的“产品之王”的地位不可动摇。他所带领的金科集团，被称为“花园洋房专家”、“产品专家”、“中国民居文化的旗手”，金科集团不但是重庆地产界的领跑者，而且也已成为全国地产界的一支重要力量，成为“渝派地产”崛起的象征。2010年，金科举起复兴中国邻里文化的旗帜，发起“邻里万家宴”、“金科邻里艺术节”等活动，引起了公众和文化界的广泛关注。黄红云所领导的金科集团正在以稳健、快速的步伐布局北京、成都、长沙、无锡等地，成为中国地产界新的领军者。

丁　盟　河南新田置业有限公司　总经理

在房地产行业十几年的浸淫，让他成为品牌建设、营销策划、财务管理的多面手；秉持对“人生目标的追求不松懈、对自我能力的超越不厌倦、对所处的困境不妥协、对个人成绩不满足”的人生信仰，他不断带领团队攀越房地产行业新高峰，其全力打造的56万m^2郑州国贸中心已成为行业全业态复合地标。

2010

2010CIHAF CHINA REAL ESTATE EMERGING LEADERS

CIHAF中国房地产新领军人物

李贵斌　光耀东方集团　董事长

他成功复活北京西客站附近的著名烂尾楼海天广场。短短几个月，这个烂尾达十年的“烫手山芋”，在他的手里，以“光耀东方广场”的新身份崭新亮相。继前期公寓部分上演开盘即售罄的神话后，2010年9月，首批五星级写字楼开盘当天，成交率高达82%，再创调控下的地产热销神话。

李贵斌，已成为商业地产的新领军人物。他携旗下地产开发、商业管理、投资并购三大专业精英团队，2003年起步于三线城市山东聊城，途经山西、河北，再从天津直抵北京。一路带领着光耀东方集团，在少人关注处悄然掘金。

下一步，他的发展策略是，在一线城市并购大型商业项目，在二三线城市自主开发综合体项目，同步开展商业运营管理业务。“三位一体”，李贵斌在逐步构筑自己的商业帝国。

伍文波　重庆东海房地产开发(集团)有限公司　总裁

重庆直辖十三年，日新月异，世界瞩目。

重庆东海十三年，卧薪尝胆，跨越发展。

数年征程，终成就东海一番壮业；数年风雨，终不改东海腾跃之志。

他是东海的领航舵手，有着低调务实的个性，他相信感动源于细节，从“东海·金港湾”、“东海·金香庭”、“东海长洲”、“东海星洲”、“东海岸”到“东海滨江城”、“东海阿特豪斯”，他对每一个项目都严格要求，带领团队一步步从细致走向卓越；他关注慈善公益事业，每一次在灾难面前和需要帮助的人面前，他义不容辞地带领企业履行城市公民品质生活供应商的社会责任。

他的名字将被记入一个新的领军团队。

他就是重庆东海房地产开发（集团）有限公司总裁伍文波 。

2010

2010CIHAF CHINA REAL ESTATE EMERGING LEADERS

CIHAF中国房地产新领军人物

陈 勇 海上嘉年华 总裁

“西方有个迪斯尼，东方有个海上嘉年华”是海上嘉年华总裁陈勇的梦想，有人说这是痴人说梦，可在陈勇眼中，这并非遥不可及。作为一手打造我国首个中国神话海上主题乐园的第一人，陈勇本身就是个神话，他用超越迪斯尼的精神，让我们大家记住了我们自己的神话形象——哪吒。陈先生用亲身事实告诉我们，打造中国自己的迪斯尼，这，不是神话。

2010

2010CIHAF CHINA REAL ESTATE EMERGING LEADERS

CIHAF中国房地产新领军人物

田　明　朗诗集团　董事长

他，低调谦和，总以自己是地产界的“学生”自居；

他，执着坚持，毅然站在了中国房地产业绿色化进程的最前端。

他说，如果带上红外成像仪看建筑，就会发现很多产品不节能，而他的使命就是为老百姓造出一栋栋舒适宜居的科技住宅；

他说，仅从成本的角度看绿色建筑是错误的，绿色建筑一定可以实现它们的经济价值，并与社会价值高度统一。

“差异化以长治 低碳以宜居”，这是朗诗地产的绿色法则，也是他笃信的理念。他，正带领朗诗集团奔跑在绿色人居缔造者的道路上，完成一次又一次产品升级的飞跃，他的名字也将为行业所记住——朗诗地产董事长田明。

黄安南　金隅嘉业　总经理

虽因2006年接任金隅嘉业总经理一职之后才开始被媒体追逐，但黄安南并不算地产行业的新人。自1992年进入这家国企背景的地产公司以来，10多年间，他“干过项目、管过物业、当过常务”。受命于企业转型的关键时期，他有效利用自己多年的积累，整合各方面资源，促成与龙头企业万科的合作，带领公司成功“走出北京”。黄安南凭借丰富的房地产开发经验以及对于“选择一次、信任一生”企业文化的深刻理解，带领金隅嘉业向市场化大步迈进，诠释了新时代下国企新型管理者的思与行。

黄俊灿　金地集团　总裁

临危受命的金地集团新任总裁黄俊灿，在金地集团高层中素有“少将”之称。39岁的黄俊灿自1992年毕业即加入金地以来，从一名普通工程师开始，历任集团董事、高级副总裁、财务总监、深圳公司董事长等职务，在公司的工程、设计、运营、财务、金融等多个岗位上得到了全方面的锻炼。

对于这位年轻的少将，凌克给予了极高的评价，称其为专业能力、领导能力最强的管理层之一。黄俊灿在金地工作近20年，对公司有着较为深刻的理解和践行，是最年轻的房地产上市公司总裁之一，我们有理由相信，勇于拼搏、敢于开拓但却低调务实的黄俊灿，将带领着金地集团步入新的发展快车道。

阎 志　卓尔控股有限公司　董事长

他是一个诗人，作为湖北省作家协会理事兼诗歌创作委员会副主任，著有多部文学作品，他同时在企业运营管理上也卓越成就；

他是一个地产新军，却能够在沿海企业内迁、武汉中心城市地位凸现、武汉城市圈实施一体化的进程中果敢抓住机遇！

2005年以前，他一年做一件事，思维活跃；2005年后，他全心投入，执着于公用物业发展。

由他策划并投资建设的武汉盘龙城总部基地项目，被列为2006年湖北省企业界二十件大事之一。汉口北国际商品交易中心则被列为省、市重点建设工程。

他就是阎志，卓尔控股有限公司董事长兼总裁。兼任湖北省人大代表、湖北省工商联副主席、武汉市政协常委、武汉市工商联副主席。他带领卓尔企业，正走在做中国领先的公用物业提供商和服务商的坚定道路上！

傅圭淳 合肥隆昊房地产投资有限公司 总经理

两年的金融从业经验，15年的地产行业摸爬滚打，傅圭淳凭着走南闯北的干劲儿、过硬的产品品质以及对跨界整合发展模式的探索，已经成为引领行业新生代精神风貌的领军人物。

傅圭淳起步于天津，2007年大胆南下赴任合肥隆昊房地产投资有限公司总经理，凭借着此前银行出身的优势以及开发运营经验，其带领公司先后开发了昊天园、昊博园等项目，“以人为本”的创新理念不但创造出风格独特，建筑、物业品质俱佳的产品，更是有机地融入企业管理与运营中去。其中，昊天园项目创新地提出了跨行业合作，整合产业链的发展模式，成为业界的一颗夺目明珠。

杨晓初　蓝光和骏实业控股有限公司　董事长

杨晓初，历任蓝光实业集团有限公司总裁、四川蓝光和骏实业股份有限公司副董事长兼总裁，现任四川蓝光和骏实业股份有限公司董事长，是蓝光集团房地产板块的领军者。杨晓初对蓝光集团做出了卓越贡献，蓝光和骏成立十年来，由一家弱小的开发商成长为突飞猛进的“西南龙头”，连续七年销量在成都市场称王，先后荣获“中国房地产百强开发企业”、“中国值得尊敬的房地产品牌企业”、“中国最具投资价值品牌地产”、“四川房地产企业综合实力首强”等多项荣誉称号，在内有巨头合围、外有调控风暴的不利环境下，创造了“七冠王”的奇迹。2010年是蓝光全国化战略的破题之年。这一年，蓝光在北京高调拿地，并进军北京、昆明、重庆等城市，“四川蓝光”正在向“全国蓝光”进化。

2010

CIHAF中国房地产百杰

2010CIHAF CHINA REAL ESTATE TOP 100 OUTSTANDING INDIVIDUALS

2010CIHAF地产百杰推介榜入围标准

1. 候选人须为房地产开发公司职业经理人或主管营销的副总经理以上。

2. 候选人以房地产为主业，以市场为导向，通过市场组织资源，有较好的业绩，较好的资信，所属企业有一定的规模，在全国房地产界有一定的影响力和知名度企业。

3. 候选人须对当地房地产业的发展做出一定贡献，操作的楼盘在当地具有极高的知名度和美誉度，在行业理论上有一定建树，有独到的开发或产品理念，在产品开发和操作模式上有一定的创新性。

4. 候选人操作的地产项目必须是地产界知名项目，其项目的操作手法和经营理念对地产界有一定的影响力。

5. 候选人所操作项目须为目前市场在售或售完不久的具一定业界知名度的项目。

6. 候选人须有5个以上操作个案的成功经验。

7. 候选人所操作项目须连续两年在销售总额、销售面积上排在当地前三名。

8. 候选人须发表过对房地产业界产生较大影响的观点和思想，或在操盘理念、经营管理等方面有一定的创新和突破。

尹行龙　新疆北新房地产开发有限公司　董事长

“石河子·北新佳境”境由心生，佳自天成，为您而作，为心而作。一直以来尹行龙都将这句话作为企业理念来指导北新房产的企业运营发展。

尹行龙，现任新疆北新房地产开发有限公司董事长。

北新房地产开发有限公司隶属于新疆生产建设兵团建工集团（以下简称兵团建工）。兵团建工成立50余年来，为新疆的经济发展做出了重大贡献，旗下建筑作品遍布全疆各地，数年发展和积累，使得兵团建工在建筑领域历练的厚重成熟。

建筑每一个细节的处理，他都熟稔于心。“石河子·北新佳境”，将50余年的深刻积累与现代建筑规划设计理念在“石河子·北新佳境”项目碰撞、迸发，使其成为石河子商品房住宅的一颗新星。

王　哲　中体奥林匹克花园管理集团　副总裁

1971年生，中共党员，国际注册高级工商管理师（IARI）、工商管理硕士（MBA）、博士（DBA），全国工商联房地产商会理事，中国房地产职业经理人联盟常务理事、监事会主席，先后供职于华润置地、佳程房地产，并在天润置地房地产集团担任操盘手，现任中体奥林匹克花园管理集团副总裁兼盐城中体地产有限公司、沈阳新朋房地产开发有限公司总经理。

王剑策　北京市东湖房地产有限公司　副总经理

北京市东湖房地产有限公司主管经营的副总经理，望京地区65万m^2大盘“东湖湾”项目的操盘手，业内公认的房地产经营“多面手”和“救火队员”。擅长客户关系管理、项目包装和危机公关。2009年至今，除已将“东湖湾”项目整体售价提升至每平米35000元以上、累计实现近50亿元销售合同额、成为区域内实至名归的高端大盘外，还凭藉在售的东湖湾三期“湖湾世家”，彻底改变了“望京”、“东北四环”、“睡城”的传统印象，重新确立了“大望京”这一高端、成熟、便利、国际化的超大型新城市生活中心的市场地位，并成为改善型购房置业者的首选。

冯海燕　焦作远大置业有限公司　总裁

大学本科，江苏南通人氏，现年45岁，毕业于江苏南京河海大学，水工专业本科毕业文凭，先后在建筑工程公司负责过工程技术管理，在建行从事过工程造价咨询审计及房地产估价业务，目前从事房地产专业开发管理工作，具备较深的业务素养，通晓房地产全过程的业务管理及技术管理工作，对房地产工程方面有较深的专业知识。

对消费者负责，对工地负责，对城市建设负责，对投资者负责是作为房地产专业操盘人冯海燕运营房地产项目一直秉承的开发理念。其开发的远大南北苑项目充分体现了其操盘理念，该项目先后获得省物业优秀示范小区称号、河南省建筑工程中州杯奖、焦作市最具性价比楼盘、焦作市诚信楼盘、焦作市房地产纳税诚信单位等称号。

冯义厚　山东三维华德投资控股有限公司　董事长、总经理

祖籍山东临朐，中国人民大学EMBA，并受聘为中国人民大学EMBA企业导师。潍坊市十大杰出青年企业家、潍坊市十大杰出青年、2006十大风云鲁商。现任山东世纪泰华集团有限公司副董事长、潍坊鑫帝都置业有限公司董事长、山东华德城市投资有限公司董事总经理。

2007年底，着手坊子老区城市更新的研究，以百年德日建筑为切入点，以资源枯竭的坊子老区为发展平台，提出并推动潍坊市80平方公里坊茨都市休闲发展区计划，这是潍坊市推动城市更新，掀起新都市主义运作的第一次尝试。

孙志文　绿地集团西南事业部　总经理

2000年加入绿集团，进入地集团后，先后担任过上海绿地集团下属三大房产子公司的重要职务。在上海绿地集团“为百姓营造美好生活”的企业宗旨指导下，先后参与或负责了集团多个房地产项目的开发，如：西安·绿地世纪城、绿地·合肥上海城、南昌滨江豪园和绿地山庄、梵顿公馆、江西前湖迎宾馆、绿地中央广场等，为集团实现持续快速健康和谐发展做出了贡献。现任绿地集团西南事业部及南昌房地产事业部总经理。在2009年被评为“江西十大青年风云人物”；在2010年当选为江西省上海商会及四川省上海商会会长。

仲兆真　鲁班集团　董事长

籍贯江苏，研究生学历，工程师，中共党员，现任鲁班集团董事长。当选为市人大代表，天山区工商联副会长，曾获市级先进工作者等荣誉称号。

1971年至1986年，先后任天山区新华北路砖厂厂长，天山区新华卫生材料厂厂长。

1987年，创办天山区鲁班建筑公司，后发展为新疆鲁班建筑工程（集团）有限责任公司，任董事长兼党支部书记。

1998年，创办新疆鲁班房地产开发有限公司，任董事长。

2002年，创办新疆鲁班物业管理有限公司，任董事长。

2005年，创办新疆仲爱楼宾馆有限公司，任董事长。

朱怡岚　江西洪大（集团）股份有限公司　执行董事兼总裁

伦敦大学国际商学院工商管理博士。曾历任全欧洲最大的连锁电器集团财务总监、香港柏嘉集团公司董事、副总经理。

现任江西洪大（集团）股份有限公司任执行董事兼总裁、江西省人大代表，江西省社会科学界联合会常务理事，南昌市第十三届人大代表，市人大财经委员会委员、南昌市工商联副主席。2007年成为南昌市唯一被推选的全省“五一巾帼奖”获得者。

刘大成　黑龙江中融汇海房地产开发公司　总经理

黑龙江省哈尔滨市人。哈尔滨工业大学在职研究生学历。现任黑龙江中融汇海房地产开发公司总经理。

其本人从事建筑与房地产行业21年，从建筑施工的技术员做起，先后从事过质检员、预算员、放线员、工长、项目经理等基层工作，具有丰富的建筑施工经验，管理施工过多种结构类型的房屋建筑。在房地产开发行业中，对房地产项目的全过程开发经营管理同样具有丰富的专业经验，对项目开发中的可行性研究、市场定位、规划设计、施工管理、营销策划以及物业管理等各个环节都具有较强的实盘经验和独到的见解。除担任房地产开发公司的总经理之外，还同时担任建筑公司总经理和物业公司总经理。

其主持开发建设的多个高层住宅小区均在当地创造了业界的奇迹，获得了良好的口碑，同时也创造了巨大的经济效益和社会效益。

朱树文　天津渤海天易置业股份有限公司　董事长

朱树文，中共党员。天津渤海国有资产经营管理有限公司总经理、天津渤海天易置业股份有限公司董事长。被天津市企业家联合会评为“2009年优秀企业家”。

朱树文带领公司致力于开发建设“绿色、生态、环保、宜居”的商品房和保障房项目。2010年天津市最大的保障房项目渤海·天易园项目的开工建设，不仅弥补了城市西部保障性住房的空缺，而且创造了40万m^2建筑面积的惠民工程之最。他要求公司团队在锐意进取的同时，一定要秉持国有企业服务社会、造福百姓这一理念，主动履行国有企业的社会责任，打造越来越多的精品的惠民工程。

朱献国　南京新城市商业置业有限公司　总经理

1982年毕业于南京华东工学院（现南京理工大学）工系，取得学士学位。2002年取得工程硕士学位。曾先后在9352厂及江苏省贸促会工作。1989年开始创办南京国际礼品有限公司，该公司目前是国内最大的陶瓷娃娃出口商，注册品牌NIGC荣获国家经贸部“出口名牌”称号。1997年南京扬子江国际企业成立，成功的与欧洲最大的供暖商达成ROCA（洛卡）产品中国代理协议，现经销商遍布全国30多个省市。1999年南京新城市商业有限公司成立，专业从事住宅与商业配套设施的开发与建设，该公司在南京河西地区在建的江苏省首个SHOPPING MALL已于2005年全面开业。

安　婷　北京诚通万源房地产经纪有限公司　总经理

2002年初正式进入房地产行业，现任北京诚通万源房地产经纪有限公司总经理。该公司隶属于北京诚通嘉业投资管理集团旗下全子公司，全面负责集团开发的所有房地产二级开发项目。在9年的工作时间里从一名基层普通的策划人员，到今天总经理的岗位，期间先后操盘项目有：“中信星光名庭”、“华侨城*波托菲诺”、“中旅国际公馆”、“玉树临风”、“余姚中央公馆”、“北京老莊”等项目，其中获奖项目4个，累计操盘项目逾百万平方米以上。

刘　劲　苏州金宾士房地产开发有限公司　总经理

刘劲全程参与了金宾士公司20年来开发的众多项目，有厦门东芳山庄、东芳花园、东坪山庄、古庄新城；漳州香格里拉·观园、荆州香格里拉·海韵、金凤凰温泉度假村等。

2005年负责了厦门金宾士公司ISO9001全面质量管理体系认证，确立了由本人提出的“良心造屋　真心服务”的经营理念及一系列规范化管理制度。

2008年11月，在全球金融危机，全国房地产市场进入低谷，金凤凰温泉度假村建设时间紧、任务重、资金不足、经验全无的背景下，临危受命，担任筹建总经理。经过艰难争取，取得了宝贵的银行融资，同时以极满意的成本取得温泉度假村配套的商品房开发用地。到2010年3月金凤凰温泉度假村开业，仅用了1年4个月时间。

2009年中开始全面负责金凤凰·温泉逸墅项目经营，设计方案2010年初获得“中国十佳温泉养生别墅”大奖；今年10月取得预售证，首期开盘便售出80%，项目的定位、品质、价格都获得了市场的高度肯定。

何　立　新疆缔森地产开发有限公司　总经理

新疆缔森地产开发有限公司总经理，凭借房产开发领域十多年的实战经历，在项目运营过程中具有丰富的管理经验，带领团队先后成功开发了经典商业项目：中天广场、红山新世纪、盈科大厦；住宅项目：和枫雅居、嘉和园、汇嘉园、西域·君悦海棠等高档住宅小区，累计管理开发面积1200万m^2以上。多年来，他负责开发的项目工程质量过硬，科技含量领先，项目特点显著，管控环节扎实，在同行业中享有较高的声誉。

杜　安　合肥天同地产公司　总经理

南京大学中文系汉语言文学专业毕业，现任中国企业500强厦门国贸集团股份有限公司旗下合肥天同地产有限公司副总经理。

2001年5月—2003年5月：任厦门新景祥策划代理公司副总经理。

2003年5月—2007年12月：任厦门国贸地产代理公司、地产公司开发部总经理、开发部副总经理。

负责项目：国贸信隆城、国贸怡河园、国贸阳光、国贸春天和国贸蓝海等。

2008年1月一至今：任厦门国贸下属合肥天同地产公司副总经理。

开发项目：合肥天鹅湖1号和芜湖长江一号。2009年9月天鹅湖1号开盘，目前已完成95%的销售量；芜湖长江一号2009年底刚刚拿地，目前正在规划报批。

张建平　卓达集团　副总裁

河北省石家庄人，卓达集团常务副总裁，1990年毕业于河北财经学院，1999年加入卓达集团。

在长期从事房地产企业管理中，张建平协助卓达集团总裁，使卓达集团已经成为涵盖教育、文化、市政、建材、服装、旅游、商贸、高科技、建筑安装、物业管理等跨行业的特大型民营企业集团，成为河北省最大民营企业。

刘玉泉　内蒙古伊泰华府实业有限责任公司　总经理

毕业于中国人民大学工商管理学院，后赴美国加州州立大学攻读MBA，2007年回国。2009年9月主持成立了伊泰集团全资子公司——伊泰华府实业有限责任公司，致力于伊泰集团向地产业进军的多元化战略拓展，力争以鄂尔多斯为起点，迈开向全国发展的步伐，以国内乃至世界领先的标准在一线城市打造高品质住宅。在较短的时间内努力携手北京华府置业，创建“伊泰・华府世家”品牌。

何秀发　武汉新鸿发房地产开发有限公司　董事长

何秀发同志于2004年3月创建武汉新鸿发房地产开发有限公司。公司自创建以来就以惊人的速度不断发展。从小五金加工创业，从成立房地产开发公司起步，从一家普通的民营企业发展成为有实力、有信誉的房地产公司。旗下拥有物业、销售、建筑、旅游开发等多家分公司，企业正逐步向集团化方向发展，其综合实力在江夏排名靠前，其经济效益和社会效益明显得到提高，连续四年被评为江夏区的“纳税大户”；先后多次为社会福利团体，家乡建设出资赞助接纳和安置富余人员三百余人，得到各级政府赞誉和社会认可。

何　媚　阳光城集团　总裁

大学毕业后曾任乡镇党委书记，在团市委团省委团中央担任过处长职务，2005年加盟阳光城集团（深交所上市代码000671），现任董事、总裁。

履任以来，她勤奋学习，努力工作，担负起管理一家上市企业的重任；在复杂多变的宏观经济环境中，她带领公司团队长远着眼、增强信心、应对挑战，构建了新的业务体系，确立了明确的发展战略和经营目标，创新经营管理，并拓展省外业务，参与西部大开发，使公司业绩逐年攀升，发展成为一家运作规范、管理良好、业绩持续成长的优质上市公司。

在企业发展的同时，她带领企业努力履行社会责任，支持社会公益和慈善事业，在助学、助医、赈灾等方面屡有贡献，成为一名深受尊敬的青年女企业家。

苏　刚　黑龙江宝宇房地产开发（集团）有限责任公司　副总经理

从事房地产营销及管理工作17年时间，其间操作过深圳、东莞、成都、哈尔滨等数十个大型地产项目，拥有开发企业运营管理和代理公司全盘运作的双重资历，擅长企业战略规划、大型地产项目营销策划推广，实战经验丰富、系统管理和整体把控能力强。

通过精准的市场细分、鲜明创新的主题定位、高雅文化导入、企业品牌运营机制的建立成功创建了宝宇地产品牌，系列地产开发项目入户前期房销售率达到95%以上，通过项目品牌与企业品牌的互动运作，使宝宇地产从名不经传一跃成为哈市的明星开发企业集团。

周小燕　北京金泰房地产开发有限责任公司　营销总监

1978年3月出生于重庆，工程管理硕士。曾悟道于北京大学哲学系中国哲学专业，就读中国传媒大学广告学系广告学专业。2000年7月进入北京金泰房地产开发有限责任公司，从事策划、销售、客户关系等营销管理工作。先后经历了金泰地产旗下，新天第、新新天第、金泰城丽湾、金泰先锋项目、金泰山屿湖、营口金泰城等多个项目的营销管理工作，并参与进行了金泰城mini、金泰城中庭、金泰苑等项目的营销策划工作，并使项目多次获得成功。现任北京金泰房地产开发有限责任公司市场营销中心总监职务，承担金泰品牌旗下全部开发项目的营销统筹管理工作。

赵建棠　河北华中房地产开发有限公司　董事长

古建筑学专家，高级工程师，从事城市环境和中国古建园林的研究设计工作30余年，其业绩载入“中国企业家名录”和香港“大陆企业家名录”等。2003年创立“华中假日”品牌，彰显了深厚的人文内涵和健康的居住理念。2009年提出新“国宅”理念，在继承中华传统文化基础上融入现代科技环保元素，大胆创新，着意打造符合现代国人审美哲学的理想建筑，在河北省、保定地区产生了广泛影响，并获得了社会各界的一致认可。

胡志宏　黑龙江省蓝城房地产开发有限公司　副总经理

黑龙江省蓝城房地产开发有限公司副总经理、营销总监。

全面负责蓝城地产“金域蓝城”项目的营销操作。从概念提出、概念规划到产品设计、营销等全过程参与，将金域蓝城缔造为哈尔滨2009-2010年度最知名的房地产项目。并连续推出金域蓝城、蓝城SOHO、SOHO2.0、SOHO3.0等产品，都备受追捧。

对于地产市场的观点：决定未来房价的发展趋势并不完全取决于政策因素，而在于你所开发产品的品质。哈尔滨作为黑龙江的龙头，房地产是拉动哈市经济的动力之一。近年来，哈市房地产业与全国一样，继续保持良好的发展，而未来哈市的市场走势也将呈现出总体看好、平稳发展的态势，产业成熟期的一些特征也逐步显现。

胡华胜　安徽旅游置业有限责任公司　总经理

现任安徽省旅游集团房地产开发部总经理、安徽旅游置业有限责任公司总经理。

1992年至1996年，就职于安徽省枞阳县房地产管理局，负责旧城改造工作。1997年至2007年从事高档酒店、高尔夫球场及地产的开发与管理，先后筹建了安徽省东怡酒店（四星级）、黄山松柏高尔夫球场（国际标准18洞，占地2000亩）及黄山高尔夫酒店（五星级，6万m^2，近600间客房）。

2007年至今，任安徽省旅游集团房地产开发部总经理，负责管理集团所属的“安徽国际金融中心”、“华侨广场”及“芜湖中央城”等多个省、市重点房地产项目。2009年10月，应集团公司重点项目建设需要，兼任安徽旅游置业有限责任公司总经理，负责安徽国际金融中心项目（IFC）的开发建设工作。该项目是一个集商业、办公、金融服务及酒店为一体的大型“城市服务综合体”，集“超高层、钢结构、逆作法”三大全国领先技术为一体，被列为安徽省“861”行动计划重点项目。项目总投资逾19亿元，总建筑面积近30万m^2。其中57层超高层顶级写字楼更是省内在建第一高楼，总高度达239.95米。

通过近二十年的工作实践，胡毕胜深刻感悟到：勤勤恳恳做人，踏踏实实做事，才是人生制胜的最佳法宝。

胡大涛　融晟集团　董事长

八年军旅生涯，练就了他稳健刚毅的性格。做为地产闽商的杰出代表，他凭借成熟的专业素养以及卓越的胆识，带领融晟集团走向全国，掀起了一场场造城运动。融晟成立十年来，开发项目遍布福建、河南、南宁、山西、石家庄等5个省市，总开发面积逾500万m^2，土地储备面积超过200万m^2。用梦想运营城市，是胡大涛的事业信仰，也是融晟集团的企业追求。

赵　军　天洋控股有限公司　总裁助理

燕山大学客座教授，负责公司的战略管理、品牌管理等多项具有创造性的工作。先后从事了公司区域发展战略及部局、公司文化建设纲领、市场营销战略及对策、京东180万m^2天洋城高档住宅区的定位和策划、北京CBD天洋运河壹号高端总部会馆的定位和策划等各项具有战略意义的工作。

他长期从事区域经济战略与对策研究，多项研究成果获省级新社科优秀成果奖。他将品牌作为战略的基本单位，以“健康、科技、环保”作为当今品牌忠诚度最高的理念，以“中国温哥华国际社区”冠予京东180万m^2天洋城定位策划并诠释了其标准，从而创新了中国大型住宅区的建设理念和内涵。

他以独特的战略和文化视野统筹专家和创意团队，争取开辟房地产领域的新型品类，赋予产品精细化和高附加值，提高产品的市场竞争力，这是中国房地产领域的时代召唤和责任。

高宁堃　乌鲁木齐市联江丰房产开发有限公司　董事长

1998年创建联江丰房地产开发有限公司，注册资金5000万元；现任乌鲁木齐市新市区政协委员、联江丰房产党支部书记、联江丰房产董事长。

近年来，面对亚洲金融危机对房产业的冲击，在瞬息万变的市场环境下，高宁堃以其敏锐的创新意识、炽热的敬业精神及豁达诚挚的人格魅力，带领全体员工艰苦创业，不断创新管理和经营模式，使企业连续十年实现销售和利润的可持续快速增长。

郭依坤　新疆融亿房地产开发有限公司　总裁

1966年11月加入中国共产党，1965年12月参加工作，云南大学法学院经济法研究生班毕业，在职研究生学历，经济师。现为新疆融亿房地产开发有限公司党支部书记兼总裁。

企业旗下的新疆融亿海盈房地产开发有限公司，数年来始终专注开发系列城市优质产品，自创建以来，已开发了“颐园成功”、“城市花园”、“银城大厦”、“城市公寓”、“融亿海盈新城”等项目，一座比一座耀目，项目共计投资高达14.268亿元，为首府居民精心打造居住领地。

谢文云　金地集团深圳公司　总经理

1994年进入金地集团，有着十几年地产行业从业经验，多年来带领团队取得了不凡业绩。在莞深地产界和媒体界一直拥有良好的口碑。其“温文尔雅、遇事不惊”的性格，和务实勤奋的行事风格深得业内认同。

黄兴荣　乌鲁木齐新天润房地产开发有限公司　董事长

黄兴荣，四川大学经济学硕士，新疆新天润房地产开发有限公司董事长，中共四川省委政研室特约研究员，四川省工商联执行委员，四川省德阳市政协常委，德阳中国国民党革命委员会执行委员，云南福建商会副会长，四川省德阳市工商联合会副会长，四川省房地产业协会理事。

作为一个民营企业家，黄兴荣先生不断挑战自我，通过不懈努力实现并超越了一个又一个人生目标，创造出了令人惊叹的财富传奇。今天，由他一手创办的企业业务已涉及冶金炉料生产、石油专用设备生产销售、房地产开发、物业管理、商业运营、景观园林艺术以及国际连锁酒店等多个领域。旗下的多家公司和生产企业，均在同行业中取得了不俗的业绩，创立了品牌，赢得了市场的广泛认同。

龚保民　黑龙江宝宇房地产开发集团　董事长

龚保民董事长因其坚持科学发展企业的正确理念和卓越社会贡献，当选为哈尔滨市人大代表、黑龙江省工商联房地产商会副会长，并荣获“企业经营管理特殊贡献人才奖”、“诚信中国典范人物”、“全国优秀诚信企业家”、“中国优秀企业家”、“中国社会责任感优秀企业家”、“黑龙江十大经济风云人物”、“2009感动伊春年度人物”、“2009CIHAF中国房地产百杰”等殊荣。

黄永健　郑州康桥房地产开发有限责任公司　副总经理

历任郑州长城康桥商业管理有限公司董事长、郑州康桥房地产开发有限责任公司副总经理、河南长城饭店物业服务有限公司董事长、郑州康桥房地产开发有限责任公司总经理，带领团队成功开发了长城康桥花园、长城康桥华城、康桥上城品、康桥溪山御府、康桥金域上郡等众多高端精品楼盘，以卓越的产品品质赢得市场广泛赞誉。

梁嘉庭　北京兆泰置地（集团）股份有限公司　执行董事

梁嘉庭女士系北京兆泰置地（集团）股份有限公司执行董事，集团自1992年成立以来，相继在金融街区域开发了丰汇时代大厦、丰融国际中心和CBD区域的悠唐生活广场等众多高端项目。集团将企业视为推动并影响城市发展的经济力量，亦将城市价值、城市规划与未来经济发展纳入到企业长远发展目标与成绩考量中去，以积极、全面、前瞻的发展观，构筑企业稳健并充满经济活力的发展平台。所开发项目“丰侨公寓”被评为“中国房地产发展年会最佳创造城市价值楼盘奖”，“悠唐·麒麟公馆”荣登2009年最具投资价值潜力金牌榜。2006年冠名赞助北京女子足球队。此外，集团积极投身社会公益和慈善事业，2009年被评为“慈善奉献奖”，连续多年关注灾区捐赠善款，企业利益和社会责任并重。

鲍文格　合生创展集团　市场经营管理中心总监

合生创展集团市场经营管理中心总监，房地产经营管理学士学位，从事房地产行业逾十年，曾成功操作多个大型楼盘，具备丰富的实操经验，对商业、写字楼、住宅、物业管理的运作管理非常熟悉，在房地产经营管理、市场营销、企业管理方面积累的经验也逾十年。

韩忠华　山东北大资源地产有限公司 常务副总经理

在很多房地产论坛和交流会上，人们经常能够看到一个衣着笔挺西服、留着精干短发、蓄着个性胡子，像艺术家一样的中年人，他就是韩忠华——北大资源集团山东公司常务副总经理，一个的优秀房地产企业管理者。出生于浙江绍兴的他，有着商人的精明和睿智，他善于用经济学的规律审视市场，因此他的观点理性、超然，秉持独立；工科出生的他，让他在思考问题时候更多了一些科学和严谨；但人们说他更像一个艺术家，因他在工作中始终充满活力与激情，对产品追求完美，用一个艺术家的眼光去打造了一个又一个传世佳作。

路　建　济宁森泰房地产开发有限公司　董事长

2003年就读于北京北大MBA课程，2005年取得硕士学位；2003年底创建济宁森泰房地产开发有限公司并担任董事长；2006年报润景园御城组团项目开发材料；2007年开发建设森泰御城组团项目；2009年项目竣工并按时交付业主使用；2010年带领公司顺利竞拍润景园西片区开发权；企业荣获2010年度房地产开发企业崇高荣誉——“广厦奖”;目前正在对润景园西片区进行开发建设。

以“责任为基，创新为魂”为主导理念，为社会创造价值，为员工创造机会，为客户创造生活。打造房地产市场的最大收益，营造和谐的工作秩序，创造高品质生活，改善济宁城市面貌和济宁人民的居住环境，加快组群结构大城市的建设！

潘渝川　重庆万怡房地产公司　总经理

香港理工大学工程管理和房地产开发硕士，曾任江北供电局营销部主任，重庆电力公司基建部副主任，重庆渝能产业集团副总经理兼重庆阳光100国际新城董事长，渝能骏阳公司总经理，现任重庆渝能产业集团副总分管研发和营销工作兼重庆渝能万怡房地产公司总经理。

2009-2010年致力推动于重庆渝能产业集团研发和营销工作的职能化建设工作，带领集团研发和营销团队对产品进行细分和升级建设，期间全集团开盘5次，顺利实现渝能明日城市转型销售，策动项目商业升级；实现渝能国际项目幸福系列产品S1、T10、S8、9、T3项目的销售。

崔本华　大连大和中盛房地产有限公司　营销策划总监

1997年进入房地产行业，现任大连大和中盛房地产有限公司营销策划总监。崔本华擅长操作高端项目，其代表作中盛家园、颐和香榭、颐和星海等均是大连知名的精品楼盘。作为滨城五一广场板块房地产市场成长、发展、成熟的助推者，其对大连地产的发展拥有更多理性认知和深厚情感。现在，作为颐和星海高档项目的营销掌舵人，崔本华更显资深地产精英本色，于年中果断开盘，营造开盘旺销10亿佳话，挽狂澜于浪尖，在新政出台前快速回笼了资金，有效保障了项目链条的衔接。

鄢长存　东莞市汇景房地产开发有限公司　营销总经理

中国房地产执业经纪人，从事房地产营销十余年，先后供职于深圳中原地产、沿海绿色家园集团、万达集团、碧桂园集团、佳兆业集团等大型房地产企业。曾获“深圳百名房地产职业经理人”、“武汉房地产十佳操盘手”等荣誉。本着“诚实做人、拼命做事”的人生信条，从一线销售做起，深度参与的房地产项目超过30个，对中国房地产行业的发展有独到的见解，并认为房地产企业的发展核心是“产品”，营销属于“锦上添花”。经过十余年的摸爬滚打，逐步成长为房地产开发企业集团的高级管理者。

陈世剑　重庆晋愉地产股份有限公司　副总裁

现任重庆晋愉集团副总裁，有着“中国TOP100管理咨询师”的背景，在企业品牌建设、组织管理、企业文化、营销战略、客户关系等多个领域卓有成效。他对战略规划、经营管理、营销策划、资本运作、团队建设、项目运作有着系统的运作能力和独到的认识，总能有效地将策略和战略接轨；深谙中国国情背景下人性思想的他，善于从大局和整体出发、把握事物本质、以小我维大局，更善于把握心智资源，强调智商提升的同时，更强调情商和德商提升；他睿智、开拓、稳健、执着、博学多识，富有责任心和使命感。

在晋愉效力的短短四年间，他将晋愉集团打造成为中国“公园地产领导者”，让“公园地产”概念成为了引领重庆地产的风向标。经他亲手策划的房地产项目，总是未售先火，为重庆乃至中国房地产市场创造了一个又一个奇迹。

马 忠　贵州宏德置业有限公司　营销总监

资深房地产职业经理人、营销策划人，现任宏德置业有限公司营销总监。从1993年初涉房地产至今，已持续从业十八年，累计操盘300万m^2，项目类型包括点式高层、主题商业地产、城市综合体、别墅区、花园住宅小区、高尔夫生态地产等。

多年房地产开发公司高级职业经理人的历练，二十余个不同类型楼盘的实操，从项目定位、产品前期策划到项目营销、物业管理，累积了丰富的操盘经验，具备较强的运营及管理能力，主张策划要在项目的前端决策发挥作用，主张过程管控和细节管理；熟悉地产公司架构组织设计、企业文化建设，有较强的项目定位策划能力。

罗利成　金科集团　常务副总裁

罗利成先生一直秉承勤奋务实的工作态度，以“做好每个细节”的金科理念，助推金科在高速发展的市场浪潮中乘风破浪，勇往直前。

以专业的视野，强调企业产品创新，注重工作中的每个细节。为金科集团荣获“原创中国洋房”、“空中院馆”、“X+1夹层住宅”、“别墅级洋房”等专利。成就了金科集团“花园洋房之父”、“中国民居文化旗手”、“中国住宅产品专家”的业界美誉。

致力于房地产开发的专业化发展。勇于创新，追求完美。“金科·东方王榭”、“金科·廊桥水乡”、“金科·王府”等系列产品更是蜚声业界。

沈麦岚　重庆隆鑫地产（集团）有限公司　副总裁

曾经就职于深圳中原物业顾问有限公司，深圳市万科房地产有限公司，深圳佳兆业地产（集团）有限公司等房地产企业。不仅熟悉了深圳房地产市场、相关法规及销售流程和手续，同时也积累了丰富的房地产内外销管理工作经验，提高了自我的实际操盘能力，对开发房地产项目的全程营销有了全新的认识及体会，并提高了实际的管理工作能力。并于2004年度被《深圳地产蓝皮书》专家评委会评选为2004年度深圳地产操盘精英，同时在本年度树立了佳兆业地产品牌形象，为公司未来的发展奠定了基础。在2005年度被评为本年度深圳市房地产行业优秀职业经理人、2005年度中国最具价值房地产百强职业经理人。

2010年3月至今任职于重庆隆鑫地产（集团）有限公司，担任集团副总裁并分管全国各地项目公司的营销业务。

梁晓东　珠海华发房地产有限公司　总经理

性格乐观，富有激情，理性，认真，关注细节，具有多方面的知识储备，自然科学知识与社会科学知识：天文、地理、历史、人文、经济（不动产、金融等）等。极富创意的即兴演讲能力；极具激情的活动主持能力；极度冷静的数据分析能力。这就是珠海华发房地产有限公司总经理——梁晓东的个人写照。

华发新城项目为华发的代表项目，经过7年的精心运营，已成为了珠海最成功的人文社区，汇聚了珠海的精英阶层。然而，华发新城五期推售时恰逢2008年楼市寒潮，通过社区文化公关活动、业主推介计划、现场产品体验等多重营销组合手段，使项目仅用一年时间就全部售罄，淡市飘红，华发新城住宅品牌深入民心。

郑旭斌　珠海华发房地产有限公司　董事

华发三十年与珠海特区同龄，始终秉持“建筑理想家”的执著，一次次充当了城市建设的主角和城市运营的旗手。华发在造城的同时，也始终心系珠海的文化产业建设。

目前公司业务核心在珠海本土，已进驻中山、大连、包头等城市，未来将跟随华发股份全国化开发进程，逐步进驻沈阳、南宁、武汉、重庆、盘锦等城市。

郑旭斌在凭借其13年来深入一线进行营销管理的从业经历，练就过硬的团队管理能力及亲和力，带领出一支具有战斗力强、服务意识优秀的学习型营销团队。

在团队同事的眼中，郑旭斌的个人魅力体现在各个方面：

良好的品德、诚信、守法、有修养和责任感。 有广博的知识和不断学习的习惯。有敏锐的目光、善于洞察和综合分析的能力。在尊重科学的基础上，敢于决断、拍板的风格。容纳百川的宽广胸怀。谦虚平和的心态和作风。平等、换位的沟通和理解。阳光的心态和与时俱进的思维。较强的抗挫能力，能做到胜不骄、败不馁。善于批评与自我批评，敢于承担责任。

作为一位领导人，他在实际工作过程中，协调、缓和、解决过很多问题，使得团队更为团结，公司运作更为流畅。

师凯伦　郑州清华园房地产开发有限公司　营销副总

师凯伦，郑州清华园房地产开发有限公司营销副总，河南财经政法大学房地产营销客座教授。

做房地产整整10年，在这10年里，成功操作过几百万平方的各类房地产项目。经历过房地产名企的生死存亡和兴衰成败，深刻理解了房地产项目和房地产企业运作的很多事情，师凯伦认识到无论在什么时候、在什么样的工作环境，努力工作每一天，才能无怨无悔。

《论语》中的一句话说的很好——“吾日三省乎吾身：为人谋而不忠乎？与朋友交而不信乎？传不习乎？”，师凯伦说：不管别人怎么评价我的性格，我始终把这句话作为我行事做人的标准，而且我觉得有识之士都应该如此。

赵海冬　东莞悦和义乌小商品城　副总经理

中国房地产执业经纪人，从事房地产营销十余年，先后供职于深圳世方地产公司、惠州市银轩房地产开发有限公司、浙江义乌振凯市场开发有限公司、重庆义乌商贸城、东莞市悦和义乌小商品批发城等大型房地产企业。

曾获“深圳百名房地产职业经理人”、“武汉房地产十佳操盘手”等荣誉。本着“为别人鼓掌、就是为自己生命加油”的人生信条，从一线销售做起，深度参与商业项目近十个，对商业地产有独到的见解，认为商业地产的发展对城市升级起着重要的作用，商业地产营销举足轻重。经过十余年的摸爬滚打，赵海冬逐步成长为商业地产中高级管理者。

葛云龙　中美桥梁资本有限公司　CEO兼联席总裁

1996年参加工作，一直从事企业、城市综合体，商业地产项目及旅游度假地产项目的前期筹备、运营、销售，集团公司项目的收购、并购及项目筹建、企划、策划、销售及项目审核，市场营销项目活动策划及项目管理、项目融资品牌市场营销扩张及和运营管理等相关工作。通晓项目招融资及相关部门的运作和管理。对集团项目融资型反向并购(FTO)、反向并购(RTO)、首次公开发行(IPO)、兼并及收购(M&A)同时具有较高的行业管理理论知识和实践经验；擅长经营管理，有较丰富的经营策划销售项目融资经验。

韦凤君　侨鑫地产　品牌总监

房地产业内知名的市场营销人员。现任侨鑫地产品牌总监。曾参与策划和销售的名盘，包括广州星河湾、北京星河湾、上海浦东星河湾。协同营销团队，通过成功的营销推广策略，使这几个处于非繁华地段的综合性楼盘在竞争激烈的广州、北京、上海房地产市场取得惊人的销售成绩，并推动其成为所在地区甚至全国的房地产标杆。

曾主编的《四季》杂志更获得行内及读者的推崇。参与编写的房地产、设计类专业书籍包括：《空间策划》、《房地产优秀营销案例》、《金牌户型》等。

2009年至今参与组织了汇景新城全新组团龙熹山的全程营销策划。包括数次轰动业内的全国性论坛和活动："城市中央国际住区论坛"、"中国高端物业气象报告暨豪宅理性繁荣论坛"、"中国意 世界语 汇景新城龙熹山 国际风尚盛典"以及"穗港高端不动产投资论坛"。一系列的营销事件，使广州楼价实现洼地突围。并与侨鑫地产团队一起，让汇景新城重夺广州豪宅话语权，以51亿成为2009年度销售冠军，并蝉联2010度豪宅销售冠军。

董　平　中天城投集团股份有限公司　副董事长

曾任云南空五军军人；贵阳市自来水公司秘书；中房贵阳公司政工科副科长、科长；中天企业人事部经理；世纪中天投资股份有限公司总裁助理兼世纪中天投资股份有限公司中天花园分公司总经理；中天城投集团股份有限公司副总裁；现任中天城投集团股份有限公司副董事长。1998年获得贵阳市优秀共产党员称号，被正式提名为贵州省20名"十大杰出青年候选人"，2001年获得全国住宅示范小区建设优秀开发管理奖，获全国住宅示范小区建设规划设计金奖，2005年获全国绿色社区先进个人称号，2006年当选贵阳市云岩区人大代表，荣获"中国地产文化最具推动力100职业经理人"称号，获"中国值得尊敬的房地产20大杰出人物"称号。

周继红　　华宇集团成都公司　总经理

重庆大学工商管理学院研究生，高级企业经营管理师，从事房地产销售及经营管理工作16年，先后荣获“中国住交会CIHAF中国房地产百杰人物”，“重庆楼市十佳操盘手”，“TOP重庆地产红榜杰出人物”，“地产年榜10大年度人物”、“地产十大风云人物”等诸多殊荣。现担任华宇集团成都公司区域总经理。

谭国翔　　重庆富力房地产开发有限公司　副总经理

现任重庆富力房地产开发有限公司副总经理。作为“大西南扩张先行官”，他领导的队伍从2007年至2010年在重庆楼市创造了若干个第一！第一个将“精装修房”概念成功导入重庆，为重庆消费者所接受；第一个率先将公寓楼单价卖过1万，并以持续热销之势引领了北城天街楼市的整体水平；其次，富力·现代广场以区域首席大盘的先锋作用提升了弹子石CBD楼市水平；3600亩的富力城开启了大学城品质人居，成为重庆主城西部的居住领头。

龚海鹰　贵州中大房地产开发有限公司　副总经理

行业资历近10年，曾全面成功主持“森林故事”等项目的全程营销工作，多年的实战经验积累，使其具备精准的市场判断力，能洞悉房地产行业发展方向、特点与单个房地产项目的市场潜力、运作趋势等，其出色的领导、创新能力，确保了项目营销工作能快速、高效地实施，同时亦能动态解决项目营销过程中所遇到的复杂问题；

目前，其正倾尽全力主持大型城市综合体项目，“中大·国际广场”的全面营销工作。期间，在公司高层准确的判断及引领下，“中大·国际广场”正在本着“品质地产，责任先行”的开发理念，将项目打造成集“居住、体验、餐饮、娱乐、休闲、购物”为一体的时尚生活平台，从而铸就未来“城北新地标”城北新兴商业中心区。籍此，使“中大·国际广场”成为政府、住户、经营户、投资者、开发商等多方共赢的明星项目。

刘　宁　恒盛地产控股有限公司　执行董事兼coo

为恒盛地产公司执行董事兼首席运营官，负责公司所有项目的营运管理及项目发展。刘先生于二零零五年四月加入本集团后先后担任集团酒店板块总裁、上海区域公司总裁、集团副总裁等职务。在加入本集团之前，于2003年6月至2005年4月，刘先生曾担任在中国有广泛酒店业务的上海锦江国际酒店（集团）股份有限公司（联交所上市公司）的全资附属公司上海锦江国际地产有限公司的常务副总裁。刘先生曾于上海新亚（集团）股份有限公司（一家在上海证券交易所上市的公司）任职三年，并于2000年6月至2003年6月出任总经理。刘先生乃一名高级经济师及酒店营运资深人士，在酒店及房地产行业拥有逾二十年经验。于1986年7月毕业于同济大学，并取得桥梁工程学士学位。刘先生目前为上海市青年企业家协会副会长。

高石泉　山水文园投资集团　常务副总裁

中国房地产业知名职业经理人，现任山水文园投资集团常务副总裁。1982年11月入伍，在中国人民武装警察部队服役，1989年转业地方工作，1999年11月加盟山水文园投资集团。历任经理、总经理办公室主任、总经理助理、总经理、常务副总裁等职务。任职期间曾荣获中国十大卓越职业经理人、中国大型房地产业杰出贡献奖。在任总经理期间，山水文园凯亚房地产开发有限公司曾连续六年被中国行业企业信息发布中心授予中国房地产企业500强称号。其个人先后三次作为优秀企业代表在人民大会堂做主题演讲，并接受了国家领导人的颁奖和亲切接见。

孙健铭　光耀东方集团　执行总裁

1995年进入地产界，身经百战，铸就事业的辉煌。15年间，以山东为主战场，同时转战于河北、山西等二三线城市之间，致力于全面统筹、协助地产的拆迁、开发建设、营销及收购等工作。以实战为先导，以创新为核心，专注综合地产项目的发展，步履稳健，成就中国地产实力派的典范。

侯宝旭　中冶置业　董事长

2004年度被公司评为“振兴公司建功立业立功人员”称号。

2005年被公司评为优秀共产党员。

2007年荣获全国企业文化建设优秀管理者。

2008年荣获中国住交会组委会、CIHAF中国房地产主流媒体联盟授予的“地产百杰人物”。

2009年荣获中冶置业集团有限公司授予的“年度先进工作者”。

2010年荣获国务院国有资产监督管理委员会授予的“中央企业先进职工”称号。

王　军　新疆百商投资集团有限公司　董事长

一个成功的企业背后必定站着一个成功的企业家，身为新疆百商投资集团有限公司董事长的王军，自创业以来，始终坚持以“百年诚信、商海创新”为企业理念，以其鲜有的胆魄和不断创新的精神，带领百商企业迅速发展成为拥有总资产20亿元，下设百商电线电缆有限公司、新粮物业管理有限公司、北京金牧草业有限公司、安徽百商电缆有限公司和安徽百商置业有限公司等子公司的新疆知名集团化民营企业。

百商集团先后荣获国家六部委颁发的“中华诚信鼎”、“新疆30强民营企业”、“自治区重点支持30户民营企业”、“名优企业”、“十佳先进企业”、“文明单位”、“明星企业、“民营科技企业”、“AAA级信用企业”和“信贷诚信企业客户”等殊荣。

董事长王军被授予全国第六批职业经理人，全国关爱员工的好领导、自治区人大代表、私营协会副会长、自治区总商会副会长、自治区优秀企业家、乌鲁木齐市“五一劳动模范”、中国住交会“名人”等荣誉称号。

GLORY AND DREAM

2010 CHINA REAL ESTATE 3-CIHAF-AWARDS COLLECTION

2010CIHAF中国房地产特别大奖

房山地处北京市西南部，既是北京市委市政府重点打造的城市发展新区，又是生态涵养发展区，被赋予了首都西南枢纽、友好产业新区、山水文化名城的功能定位。房山秉承“把握机遇、跨越发展”的宗旨，利用交通便捷、资源丰富的优势，以全新的姿态完美崛起——高端制造业密集、农业生态快速升级、金融产业品质提升。房山作为北京建设世界城市的重要组成部分，已经成为低碳、高效经济、高端产业的集中地，是北京世界城市功能的重要载体和北京世界城市形象的重要体现。

房山境内山、水、洞、寺景致齐全，古、野、新、奇特色鲜明，人文景观与自然景观有机融合，行、游、住、食、购、娱完善配套，房山是“探索自然变迁，欣赏秀美风光，浏览历史画卷，领略现代文明”的山水文化名城。房山旅游资源得天独厚，被称为“北京之源、地学摇篮、神奇秀地、休闲家园”。

房山宜居宜业，交通发达，区位优势明显。近年来，房山认真贯彻落实北京市建设“人文北京，科技北京，绿色北京”的总体要求，立足于应对金融危机和谋求长远发展，提出了“坚持科学发展，加快城市化、工业化、现代化进程，建设产业友好、生态宜居新房山”的“三化两区”的新战略。

在此基础上，明确了坚定不移地走新型城市化道路的主攻方向，按照产业发展、城市建设、人口规模和土地利用“四位一体”的思路，构建了“两轴、三带、五园区”的区域发展新布局。在新思路的指导下，房山适应国内外形势变化新要求，大力引进国内外高新技术和人才，产业定位准确，规划布局合理，房山是“结合北京建设‘世界城市’定位，产业结构合理，精品项目突出”的现代化新城。

此外，房山正在以“一樽一斋一心海，一房一山一世界”为主题，建设北京房山［世界·庄］国际葡萄酒庄产业带和青龙湖国际红酒城，发展高端红酒产业。未来的［世界·庄］将建成以葡萄酒文化为主题的五大经营与服务体系。

未来的北京房山，将成为一个吸引高端要素，承载高端功能的友好产业新区；一座兼容史前文化、宗教文化和山水文化的历史文化名城；一方梦想生根，收获成功的投资兴业热土；一座宜居宜业、宜游宜憩的现代魅力新城。

★特别大奖

北京·房山

2010CIHAF中国最具投资价值城市大奖

北大资源集团
PKU RESOURCE GROUP
资 源 成 就 价 值

★特别大奖

北大资源集团

2010CIHAF最具中国特色城市运营商特别大奖

北大资源集团是方正集团旗下专业从事房地产开发、商业地产运营、物业经营管理等业务的综合性房地产控股集团。

北大资源地产依托北京大学的教育资源，融合方正集团医疗、科技、金融等相关产业资源，致力于打造教育地产、健康地产、科技地产以及金融地产，探索独具特色的差异化“资源地产”道路，成为具有全方位资源整合能力及大区域开发能力的城市运营商。

北大资源地产目前涉及城市运营、住宅、写字楼、酒店、商业、科技园、工业园区等多种类型的开发经营。在开发建设北大资源大厦、中关村太平洋大厦、北京西单安福大厦、北京博雅园、博雅西园、博雅德园等综合性写字楼及知名住宅项目的基础上，北大资源先后与上海崇明县、昆山、济南、开封等政府签署合作协议，深入参与以上城市的规划与建设。同时，北大资源地产在商业地产领域进行积极尝试与探索，在重庆投资的国内最大的市内免税店已正式运营。目前，北大资源地产项目主要分布于长三角、珠三角、环渤海区、华中、西南等国家重点扶持地区。

在方正集团的发展战略中，北大资源集团将逐步成为产业资源和北京大学知识资源的整合者，成为方正集团全面参与中国城市化进程的有效管道，也是方正集团于中国城市化关键时期产业报国新思想战略的实践者。北大资源集团将通过独有的优质资源的整合与植入，实现政府、企业与居民的三赢。

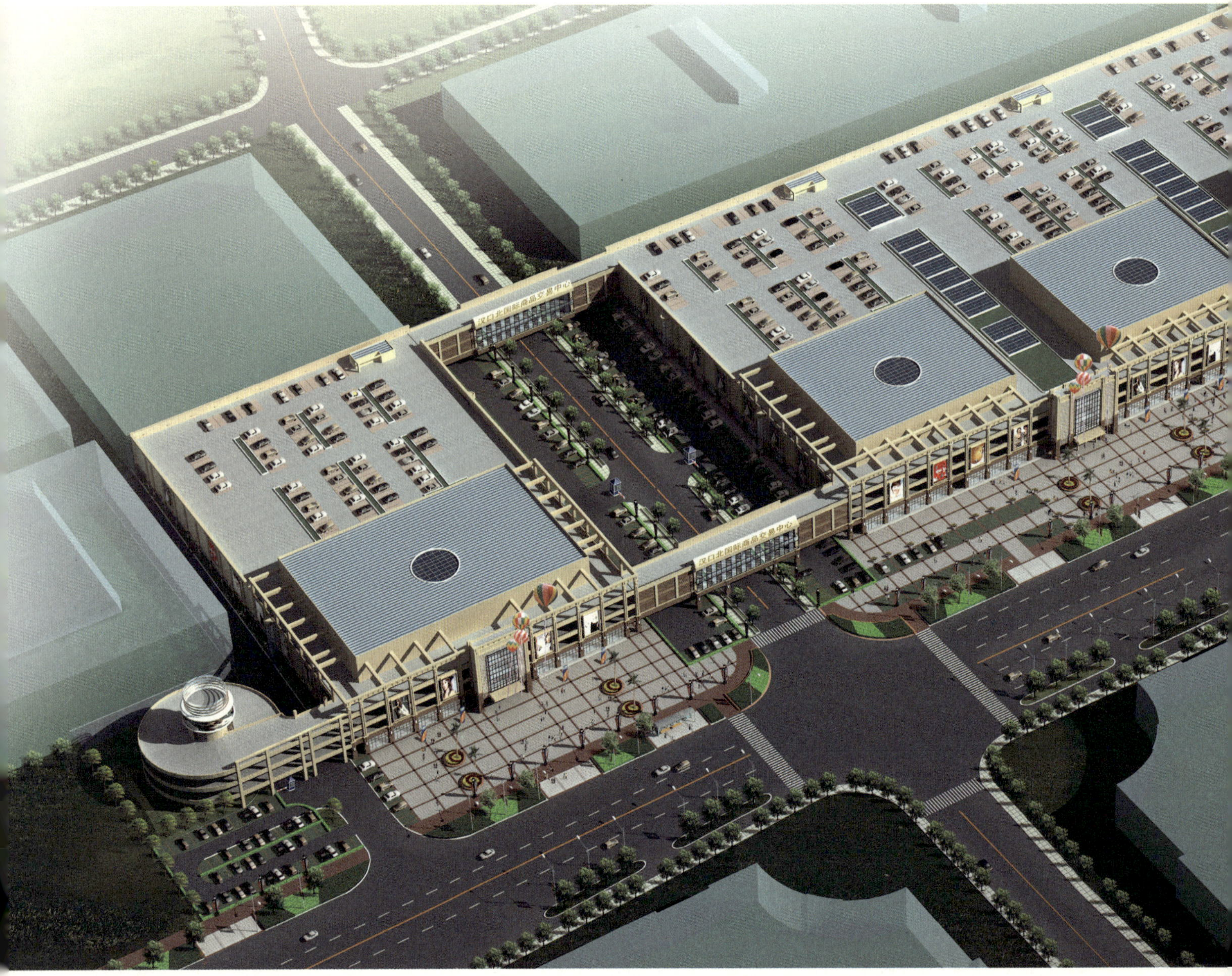

2007年11月破土动工，项目的建设和运营得到了国家、省、市、区各级政府的大力支持，被列为国家商务部、财务部重点支持项目，湖北省、武汉市向国庆六十周年献礼工程，省、市、区三级重点建设工程、国家AAA级购物旅游景区。

项目位于武汉临空经济区腹地盘龙城经济技术开发区，交通物流优势明显，总建筑面积500万m^2，预计投资人民币100亿元。定位为第四代专业批发市场，充分借鉴国际国内大型商贸市场的先进规划理念和建筑设计风格，构筑集鞋业、小商品、皮具箱包、酒店用品、五金机电、服装、家纺家电、日化用品、儿童用品等十大专业批发市场为核心，国际品牌主力店为支撑，以大型商业广场、大型物流中心、电子商务交易平台等为配套的国际化交易市场。建成后将形成以交易展示、研发设计、物流仓储、客运货运、电子商务、信息发布、会议会展、人才培训、商旅服务为主，年营业额超过500亿元的一站式流通超级大市场运行网络体系，成为享有530年商贸发展史“天下第一街”——武汉汉正街升级外迁的最佳承接地。

2009年12月28日，继义乌国际商贸城之后，中国又一巨无霸式专业批发市场汉口北批发第一城正式开业。鞋业、小商品、皮具、儿童用品、酒店用品五大市场同时开业，3000家商户、2000个品牌、10万种商品集中亮相。全国20多家顶级批发市场和行业协会鼎力支持、本地商会和专业市场合力联手、品牌大腕强势加盟，500余品牌主力店强势入驻。汉口北批发第一城的开业，标志着武汉乃至华中地区商贸物流业的横空崛起。

市场拥有完备的交通、市政、物流、生活配套，占地160亩的汉口北货运中心1、2、3号楼正式启用，已开通248、291、292、293、296、. 298、229、1128等8条公交线路，还将开通10多条公交专线，畅通武汉三镇；省客集团已确定投资建设占地200亩的长途客运站和公交车换乘总站，开通覆盖全国17个省和直辖市的客运专线；30万m^2的仓储物流中心已经开工建设；农业银行、建设银行、交通银行、招商银行、中国电信、中国移动、新东方实验外语学校签约入驻；武汉市市民服务中心、武汉地铁3号线三金潭站（后湖）近在咫尺，岱黄高速公路完成拓宽刷黑、武汉大道高架直达工程已开工建设，无缝对接长江二桥、建设大道、发展大道，快速联通武汉三镇；武汉轻轨2013年将建设完成，设立汉口北总站。

★特别大奖

汉口北批发第一城

2010CIHAF中国十大商业地产

★特别大奖

辰能·溪树庭院

2010CIHAF中国十大绿色建筑

辰能·溪树庭院由黑龙江辰能盛源房地产开发有限公司开发建设，位于哈西地区保健路与哈西大街交汇处（原制氧机厂）。总占地面积22.87万m^2，总建筑面积54.5万m^2，容积率2.14，绿化率44%，建筑密度22%，分三期开发，预计总投资额约16亿元。建筑形式以庭院洋房、舒适度高层、健康高层为主。2006年破土动工，历经16次方案修改，用心无处不在。

哈西曾是著名的老工业基地，有着深厚的历史背景和人文底蕴。项目毗邻在建的哈西客站，周边交通配套得天独厚。铁路、城市轨道交通、公交等多种交通方式相衔接，实现旅客“零换乘”、无障碍行走的世界一流的现代化综合交通枢纽。

本项目全方位提升社区品质，营造全新高档纯居住社区。沿用地周边设置社区道路及绿化景观带，实现人车分流，并打破沿街底层商业上层住宅的模式，将社区绿化景观与城市道路绿化景观相互渗透连为一体。辰能·溪树庭院引领冰城庭院洋房设计风潮，独家营造5层带电梯的退台式洋房，层层跌落，形成空中楼阁的舒适生活感觉。同时开创科学合理的小高层楼盘设计，处处彰显以人为本、适宜人居的建筑理念。建筑立面和造型充分体现厚重、高雅、不失古典的新摩尔风格。

相约百年大树，共享世家公园。在辰能·溪树庭院，“V”字形带状庭院造型和林荫簇拥的休闲广场构成3万m^2的主题公园。100余类珍稀绿植围簇而成的溪树公园浓荫吐翠，600米长的蜿蜒水系贯穿其中，四季轮回中持续绽放绮美、隽秀的园林景致，并与错落有致的新古典主义建筑群落辉映成趣，共营一种可居可赏、丰盈和谐的生活美学。

以“低碳、环保、舒适、健康”可持续发展理念贯穿规划开发全过程的辰能·溪树庭院，引进国际顶尖科技——天棚柔和式微辐射系统、地源制冷系统、建筑外墙外保温系统（可调式外遮阳系统、LOW-E玻璃）等，打造“高舒适度低碳”筑居。让室内24小时充满清新空气，室温始终保持在20-26℃，湿度30%-60%之间身体最适宜的范围。在节能减排方面比肩国内一线城市，与欧美发达国家住宅标准接轨，节能率远远超出65%的国家标准。另有综合智能科技，周界防范、电子巡更、一卡通、

闭路监控、紧急按钮、小区背景音乐、可视对讲，电梯安装三方通话程控设备，弱电智能箱综合布线一步到位。实现360度全方位和24小时全方位的安防监控。

为满足社区业主不同的健身爱好及便利的生活需求，辰能·溪树庭院使用社区独立的热水供应系统，可24小时提供生活热水（仅限庭院洋房和舒适度高层）；社区内将建设大型高级会所、游泳馆、健身中心、美容美体馆、羽毛球场、台球室、乒乓球室、茶室及酒吧等服务功能一应俱全；社区配套完善，设有幼稚园、社区医疗站、老年及青少年活动中心等。

在物业管理服务这个重要的环节上，经过多次筛选，挑剔的辰能地产决定把“管家”的权利交给具有国家一级资质的辰能物业公司管理，并聘请了国际知名物业顾问公司戴德梁行，提供最专业最贴心的服务。

2010年3月，在北京举行的由国务院发展研究中心企业研究所、住房和城乡建设部政策研究中心、清华大学房地产研究所、中国指数研究院共同举办的“2010第十届中国房地产发展年会”上，辰能·溪树庭院项目荣膺“2010中国房地产低碳示范楼盘”称号，成为黑龙江省唯一获此殊荣的房地产项目。本次年会，旨在引导中国地产项目可持续发展，同时表彰中国地产项目在低碳节能、绿色生态以及在可持续性发展方面做出的贡献。

2010年6月，在黑龙江省环保宣教中心、《生活报》联合举办的“黑龙江省低碳环保示范小区”评选活动中，辰能·溪树庭院凭借前沿的低碳科技筑居和优美的园林绿化，唯一荣膺“黑龙江省低碳环保五星示范小区”称号。

★特别大奖

合生创展集团

2010CIHAF中国最具投资价值上市企业

合生创展集团有限公司1992年进军房地产业，是致力发展住宅地产、商业地产、酒店地产、旅游度假产业和物业管理产业等泛地产事业的大型综合性企业集团。凭借锐意进取的精神和兢兢业业的态度，合生创展集团实施区域中心和系列品牌发展战略，积极向环渤海经济圈、长三角经济圈拓展，在广州、北京、上海、天津等中心地区成功扩张，顺利完成了在中国经济核心城市的战略布局，成为中国大陆业绩表现最佳、开发规模最大、业主数量最庞大的房地产发展商之一，业已奠定行业龙头地位。

合生创展秉承“优质生活、完美体现”的企业理念，致力成为完美生活的缔造者。作为根源于香港的现代企业，合生创展汇集中港两地优势，将世界级居住经典引入中国，实现国人人居梦想，成就业主完美生活。进入房地产业18年以来，合生创展始终保持着稳健、快速的发展速度。

1998—2000年，树立珠三角地区品牌领导地位：1998年合生创展在香港联交所成功上市，企业从此走上规范化、制度化和国际化的经营道路，并成为广州房地产市场的旗舰企业。

2001—2007年，成就全国性地产品牌旗舰：合生创展以广州为核心，积极向环渤海经济圈、长三角经济圈拓展，在北京、上海、天津等中心地区成功扩张，顺利完成了在中国经济活跃圈核心城市的战略布局，由区域性品牌走上全国性地产品牌旗舰企业的道路。

2008年，合生创展上市十周年，打造价值生长体系，并跃上一个新的台阶，形成合生创展独有的、不可模仿的竞争优势，持续领航房地产行业的发展。

2009年合生创展在多年高端物业开发经验的基础之上，全面提升高端物业开发量。在北京、上海、广州、天津四地相继投资建设霄云路8号、东郊别墅、佘山东紫园、京津新城独岛别墅、广州珠江帝景等七大高端物业项目，并赢得了市场认可，合生创展在中国的高端地产布局初步形成。

2010年，合生创展集团发布了其高端产品战略，高端物业、高档住宅、高级商业将成为合生创展未来的三大发展支柱。为此，合生集18年专业地产开发经验，推出高端生活体系，实现产品的全系高端、高档化：（一）联袂国际前三名，定制高端生活品牌，与多家国际顶级机构实施战略联手，精造出一支“国际化大师团队”；（二）高端物业酒店化，全系星级精装标准，用建造顶级酒店的标准精雕细琢每处空间，带给业主前所未有的尊崇感受；（三）钻石级交钥匙工程，一站式家居解决方案，首创高端“成品交付“入住模式，全配世界名品家俬；（四）五星级酒店级物业，一键式贴心服务，原装引入五星级金钥匙管家专属服务，比肩世界一流的服务系统支持；（五）高端资源整合，会员专属尊享。作为高端资源整合商，合生创展提出“优势资源配套整合”方案，从顶级会所、超五星酒店、温泉度假村到国际高尔夫等顶级设施，合生业主均可跨城尊享，突破传统配套局限。

展望未来，合生创展将全力投身运营中国城市未来，向高品质、国际化、专业化、综合化方向迈进，实现国人人居梦想，成就业主完美生活！向跨区域、跨行业的世界级企业迈进！

让我们携手，共同实现优质生活的梦想！

★特别大奖

重庆解放碑
威斯汀酒店

2010CIHAF中国十大商业地产

重庆解放碑威斯汀酒店由重庆申基实业（集团）有限公司投资建设，矢志打造成美国喜达屋集团旗下威斯汀品牌旗舰店。项目地处解放碑金融商务街中段，是金融街七个组团中第一个启动项目，是集五星级酒店、5A甲级写字楼、奢侈名品商业于一体的高端城市商务综合体。项目总建筑面积约18.8万m^2，地上54层，地下6层，总高度为245.3米，提供600多个泊车位，配备41部品牌电梯，高效便捷，可快速到达指定楼层。项目于2009年8月正式动工，独立写字楼于2010年10月底主体完工，预计主楼将于2011年12月底主体完工，酒店于2012年6月至8月前开业。项目独创性地将酒店大堂设置在51层，使之成为西部地区第一个高度在200米以上的景观大堂，让客人在入住前就能饱览重庆两江的城市山水风光。

作为享誉全球的高档奢华酒店品牌，威斯汀自1930年于美国华盛顿州诞生以来，已在全球39个国家和地区的城市商业中心区开设了203家酒店，受到各国政商要员、皇室贵族、社会名流及跨国商务人士的一致青睐。同时，威斯汀一直以来对于酒店的选址，十分严苛，并且一向偏好国际大都市最繁华的商业中心区，比如华盛顿、纽约、伦敦、米兰、悉尼……而1991年才开始进入中国内地的威斯汀，目前仅落户在北京金融街、上海外滩、广州天河三个城市的核心地段。

中海地产

中国海外发展有限公司（00688.HK，以下简称“公司”）1979年成立于香港，截至2009年底，公司实现营业额373.2亿港元，净利润74.7亿港元。2009年末，公司资产达1141亿港元，净资产达421亿港元，拥有土地储备面积超3000万m^2。公司于1992年在香港联交所上市，首开中资企业以香港本地业务资产直接上市之先河。2007年，公司入选香港恒生指数成份股，是首家入选恒指的中资地产股。2010年，公司获选首次设立的“恒生可持续发展企业指数”，是唯一一家上榜的中资房企，并荣登“FT世界500强”，为唯一入选的中资房地产企业，亦获得《证券市场周刊》“102家上市房地产企业综合实力第一”。

公司坚持稳健而审慎的财务原则，一直保持合理的负债水平。 2005年，公司获得穆迪和标准普尔分别给予的Baa3和BBB-投资级评级，首开全球两家最大评级公司同时给予中资企业“投资”评级，2009年、2010年两大评级公司再度调升公司投资评级。公司获选普尔全球40大上市房地产公司指数成份股，并连续5年获商务部企业诚信AAA①级认证。

房地产开发和销售、投资持有商业物业、物业管理、建筑设计是公司的四大业务板块。自1988年进入内地市场以来，公司将房地产开发列为核心业务，并打造“中海地产”品牌。经过多年实践与品牌积累，“中海地产”已发展成为中国房地产行业领导品牌。

公司坚持“诚信、务实、创新、求精”的核心价值观，并将其渗透进企业运营的各个环节，在“诚信卓越 精品永恒”的品牌主张下，创造出一个个匠心独运、品质优异的精品。公司连续七年蝉联中国蓝筹地产榜首企业，连续七次荣获中国房地产行业领导品牌，多次获得中国房地产百强企业综合实力TOP10第一名，先后荣获“中国最受尊敬企业”、中国最佳品牌20强、中国25大典范品牌企业、“影响中国生活方式十大品牌”、“中国最具社会责任房地产企业G20”等荣誉。

★特别大奖

中国海外发展有限公司

2010CIHAF品质地产特别大奖

公司已实现全国性均衡布局，先后在香港、澳门、深圳、上海、广州、北京、成都等25个经济活跃城市展开房地产开发和物业管理服务。至2009年底，公司累计及计划投入的房地产投资额超过1500亿元，累计及计划的开发总量超4000万m^2，累计及计划开发项目超过150个。公司秉承“精品 生活 创造”的品牌定位，为社会提供了十余万套精品住宅，为近百万民众提供了优越的居住选择。代表作品有富豪海湾（香港）、寰宇天下（澳门）、香蜜湖一号（深圳）、观园国际（广州）、瓦尔登湖（北京）、瀛台（上海）、城南一号（成都）、南湖一号（长春）、塞纳丽舍（南京）、御湖熙岸（苏州）、钱塘山水（杭州）、万锦豪园（佛山）以及位于不同城市的系列中海·国际社区（成都、西安、重庆、沈阳、苏州、长春）等。

公司坚持“过程精品、楼楼精品”的开发理念，以消费者需求为出发点，以专业为基础、以创新为导向、独立研发四代住宅产品，持续为消费者创造价值。2007年，公司项目获六项“詹天佑大奖优秀住宅小区金奖”（共20项），占总量的35%；2008年获四项“2008詹天佑大奖优秀住宅小区金奖”，并获“CNBC国际地产奖2008”（亚太区）五项殊荣及“全球人居环境最佳小区奖”等国际大奖；2009年，两个项目荣获CNBC国际地产奖，六个项目荣获詹天佑大奖；2010年，五个项目获Bloomberg国际地产奖(原CNBC国际地产奖)大奖，七个项目获中国土木工程詹天佑奖，住宅品质持续保持领先。

公司正逐步加大商业物业的投资力度。公司目前投资持有数十万平方的高档商业楼宇，包括香港中国海外大厦、广州东山广场、深圳中海大厦、北京中海广场等商用物业，在建商业物业面积超过150万m^2。

公司认为“人才是企业最宝贵的财富”，并构建兼顾发展空间、工作氛围、激励机制三位一体的人力资源培养体系。公司创立“海之子”和“海纳”人力资源品牌，为有志于中海事业的人才提供绿色通道；倡导个人价值与公司价值的完美结合，致力于为员工提供实现自我价值的舞台；构建完善的内部培训机制，提高员工专业技能和职业操守。公司荣获中国人力资源管理大奖“十佳企业”、“成果金奖”及“中国大学生最佳雇主”称号。

公司具有强烈的企业公民意识。多年来，公司在港澳和内地赈灾、捐资助学、襄助公益的款项总额超过1.2亿港元。公司持续在各地捐建了六所中国海外系列希望小学，其中重庆云阳中国海外三峡希望小学、都江堰中国海外新建特殊教育学校等都成为当地硬件条件最好的小学。

展望未来，公司将以打造百年长青基业为长远发展目标，坚持规模化、专业化、品牌化的发展策略。与时俱进，开拓创新，预见性地满足客户的现实与潜在需求，致力成为中国房地产行业的创新者和领先者。

长白山国际旅游度假区位于吉林省抚松市境内，总占地21平方公里，其中建设用地11.5平方公里。度假区紧邻营抚高速和松江河镇火车站，距长白山机场10公里，距天池20公里，地理位置优越。项目总投资200亿元，由万达集团、泛海集团、一方集团、亿利集团、联想集团、用友集团六家企业联合投资，是中国目前投资额最大的旅游项目之一。该项目已被吉林省政府批准成为长白山旅游接待中心的重点建设项目，是全省集中力量建设的旅游接待基地之一，享受省级经济开发区的特惠待遇。

长白山国际旅游度假区以冰雪运动为品牌，以体育休闲、度假疗养、商务会议和自然观光为主导，突出长白山森林生态魅力和北国冰雪风光。

度假区以体育娱乐服务业、生态休闲度假产业、商务度假服务业、旅游地产业为核心，发展具有持续创新力、高科技设施和综合服务功能的现代化度假区。度假区通过重点开展滑雪、高尔夫等旅游度假项目，突出体育休闲与长白山森林风光的特色，将建设成为亚洲顶级的示范性冰雪运动基地和滑雪爱好者的天堂，将与长白山风景名胜区旅游事业联动发展，提高旅游业综合服务等级，打造世界级水平的生态、文化、时尚、创新高度融合的旅游目的地。

项目集旅游、会议、休闲、商业、娱乐等功能于一体，规划为滑雪场、高尔夫、高端度假酒店群、旅游小镇、森林别墅等五个主要功能区。

整个度假区形成了“一环、三轴、六区、一村”的空间结构形态。以度假服务中心为核心，通过“半环”形的度假区两条主要道路和三条空间联系轴线将“六区、一村”有机联系起来，成为枝脉状悬挂式的群体结构。

长白山国际旅游度假区于2010年5月开工，计划于2012年全部建成开业。优美的环境，丰富的业态，完善的配套，标志着长白山旅游步入高层次阶段。

★特别大奖

长白山国际旅游度假区

2010CIHAF中国国际旅游开发特别大奖

★特别大奖

大连万达集团

2010CIHAF中国首席城市运营企业特别大奖

大连万达集团创立于1988年，现已成长为中国民营企业的龙头企业，形成商业地产、高级酒店、文化产业、连锁百货、旅游度假五大产业，企业资产达到1400亿元，年销售额800亿元，年纳税95亿元。万达集团已在全国开业43个万达广场、15家五星级酒店、600块电影银幕、26家连锁百货店。计划到2012年，企业资产达到2000亿元，年销售额1200亿元，年纳税150亿元，成为世界级的企业集团。

商业地产

万达商业地产股份有限公司是中国商业地产行业的龙头企业，万达广场是中国商业地产第一品牌。万达商业地产持有已开业收租物业面积700万m^2，计划到2012年开业80个万达广场，持有已开业收租物业面积1500万m^2，年租金收入超过80亿元，排名全球行业前列。

高级酒店

万达集团是中国五星级酒店投资规模最大的企业，已开业15家五星级酒店，2011年将开业12家五星级酒店，计划到2012年开业41家五星级酒店，营业面积超过200万m^2，成为中国最大的五星级酒店投资企业。

文化产业

万达电影院线是中国排名第一的院线，拥有五星级影城72家，600块银幕，占有全国16%的票房份额。到2012年，将开业120家以上的影城，拥有银幕1100块，年收入35亿元，占有全国20%以上的票房份额，成为排名全球前列的电影院线。

连锁百货

万达集团2007年成立的万千百货，目前已在北京、上海、南京、武汉、成都等地开业26家百货店。计划到2012年开业63家店，营业面积200万m^2，年销售额超过100亿元，成为中国一流的连锁百货企业。

旅游度假

由万达集团牵头，联合中国泛海、联想控股、一方集团、亿利资源等五家中国顶级民营企业，正在长白山、西双版纳、大连金石、福州琅岐四地打造国际一流水准的旅游度假区，总投资超过1000亿元。国际旅游度假区正迅速成长为万达集团新的支柱产业。

社会责任

万达集团正努力追求成为社会企业，主动承担社会责任，成为中国民营企业的典范，得到党和国家的高度肯定。万达集团成立23年来，累计捐款超过27亿元，四次荣获“中华慈善奖”，是全国所有企业中唯一四获“中华慈善奖”的企业。中共中央政治局常委、全国政协主席贾庆林称赞万达集团是民营企业的优秀代表，号召全国民营企业向万达学习。

23岁的万达，正朝着成为世界级企业的目标健步前行！

国际万达，百年企业！

万达集团
WANDA GROUP

★特别大奖

青岛海上嘉年华

2010CIHAF中国首席旅游地产年度特别贡献大奖

“青岛海上嘉年华”位于青岛市经济技术开发区凤凰岛旅游度假区，唐岛湾北侧，滨海大道南侧，龙泉河以东，中国石油大学以南，岔河入海口以西。总占地面积约524亩（约35万m^2），总建筑开发量约76万m^2，总投资额超过56亿元。

青岛海上嘉年华项目的建设对于青岛经济技术开发区实现“高端旅游”的战略目标具有重大意义。海上嘉年华项目是世界首个超大型室内水上游乐、商业综合项目。它是以度假为核心的多元化旅游产品的巅峰之作。它能为游客提供一流的休闲度假环境、最先进的娱乐设施、最具特色的旅游商业氛围。它能把世界各地的游客吸引到唐岛湾。作为高端旅游项目，海上嘉年华将创造巨大的经济效益和社会效益。

青岛海上嘉年华总体规划

海上嘉年华项目主要包括三大部分，即以水上游乐为主题的“海上嘉年华”、以狂欢节庆为主题的“渔人码头步行商业街”及高尚滨海国际社区——“海湾豪廷”。

青岛海上嘉年华（大型海上游乐休闲区）

青岛海上嘉年华大型海上游乐休闲区占地200余亩（约13万余m^2），

总建筑面积约27万m^2，地上建筑面积约23万m^2，水上游乐单层建筑面积约6.6万m^2，预计日接待游客量为2万人次，两栋酒店可以提供超过1000间海景客房。青岛海上嘉年华大型海上游乐休闲区主体建筑是集室内海水浴场、水上游乐、水上运动、水上休闲、水上表演、水上竞技、海洋科普、五星级假日酒店、高端电玩城、大型夜总会、大型康体健身中心、室内休闲步行商业街、大型海鲜自助餐饮超市等十余种业态于一体的超大型游乐综合体建筑。

海上游乐主题以海底两万里、欢腾的海洋、大海的女儿、七彩滑道、海上香格里拉、无敌水手、海王宫殿等各个主题为景点线，把娱乐空间、展示空间、游乐空间、休闲空间紧密融合并赋予其文化内涵，形成以科普、教育、娱乐、游乐、休闲、餐饮、购物为一体的室内超大型戏水乐园。它是我国第一座集知识性、趣味性、娱乐性、参与性于一体的、具有游乐业世界先进水平的大型全天候四季如夏的室内水上主题乐园，也是世界上唯一具有中国传统文化色彩的大型海上乐园。

青岛海上嘉年华大型海上游乐休闲区建筑单体结构主要以一、二层为主。

青岛海上嘉年华渔人码头步行商业街

青岛海上嘉年华渔人码头步行商业街为海上嘉年华旅游配套的商业部分。规划用地面积达9万m^2（约134亩），总建筑面积约12万m^2。采用“万国建筑”设计理念，由中欧山地风情区、南欧地中海风情区、西欧宗教风情区和海盗主题风情区四大风格组成。主街长500米，以街舞广场、演艺广场、狂欢广场、和平鸽广场为四大分区，是集特色餐饮、休闲、购物、娱乐等主题于一体的具有狂欢特色的临海步行商业街。

青岛海上嘉年华渔人码头步行商业街街道尺度较大，街道内部设置大量的休闲绿化景观和旋转木马等小型娱乐设施，街道两侧布置精品店、旅游用品店及特色商店，使休闲游乐功能与商业购物消费相融合。商业次街与主街平行，街道尺度较小，追求温馨、休闲的空间感受，主要布置酒吧、咖啡吧、啤酒屋、海鲜馆等餐饮功能区。

青岛海上嘉年华渔人码头步行商业街交通流线清晰，人车完全分流，商业主力店位于地块东北角，主要以精品百货、超市和儿童室内游艺场为主；商业街位于主动线两侧，以精品服饰店和旅游特色产品店为主；休闲餐饮组团沿内河布置。

青岛海上嘉年华海湾豪廷（高尚滨海国际社区）

青岛海上嘉年华海湾豪廷位于项目的西南角，为一类海岸居住用地，用地面积约13万m^2（约189亩），总建筑面积约35万m^2。户型面积有100-170m^2的平层住宅和平层高厅洋房，220-260m^2的空中别墅、错层三叠洋房及叠拼别墅，另还有少量独栋别墅。产品涵盖海景别墅、空别、三叠海景洋房、平层高厅、复式景观高层等。以海洋主题、音乐主题为创作元素，以舒适、自然、尊贵、高尚为居住主题，打造国际湾区海景豪宅。

社区采用立体的人车分流交通体系，与嘉年华相呼应的同时又通过25米生态水岸相隔，保证了较好的独立性与私秘性。

★特别大奖

万通立体城市

2010CIHAF中国城市革新大奖

北京万通立体之城投资有限公司成立于2009年4月，是一家致力于对未来人居环境和对各种建筑可能性进行研究探讨的研究型机构。公司将深入观察中国（包括国际）目前在居住、土地、环保、能源、科技、交通、生活、心理等方面的现状和问题，并就相关课题进行研究，以期从中找出缓解居住矛盾、高效利用资源、科技提升品质的方法和解决之道，为未来人们的居住和生活酝酿出新的多样化的可能性。

冯仑先生，作为中国民营地产的先驱者，一直在努力通过自身企业行为为大众创造最有价值的生活空间。其本人也一直在通过学习、前瞻、创新的方式，身体力行地实现着这样的价值追求。冯仑先生一直是一个习惯于未雨绸缪的人，所以十分懂得站在未来安排现在。北京万通立体之城的核心理念，正是近年来他致力于的研究方向，也可以说是他的理想，探索新地产、新建筑、新生活模式，带给现在生活更多未来的可能。

北京万通立体之城将自己的团队，比喻为“立体城市梦工场”，一方面代表着追求人类和谐居住环境的热情，另一方面也体现了我们严谨的学术态度，并将会认真谨慎地进行每一个环节的计算和研究，以期能终有一天推出一件由梦工场出品，充满和谐、便捷、健康、生机勃勃的建筑作品。

项目介绍

“立体城市”是北京万通立体之城投资有限公司研究并开发的第一个项目，是为解决中国土地资源紧缺、环境污染、生态破坏、交通拥挤、生活压力增加等一系列问题应运而生的一种解决之道。因此，解决中国快速城市化与现有城市容量之间的矛盾，探索可持续的城市发展道路，则成为了立体城市项目所追求的目标。

立体城市与传统城市的最大区别在于：立体城市将以往分散在地面的各种设施垂直分布在立体的空间结构里，充分利用广阔的垂直空间，这就大大减少了对紧缺的土地资源的需求。

立体城市规划占地1平方公里，建筑面积600万m^2，其中住宅达到50%以上，常住人口10-15万人，预计6年时间完成。立体城市包含居住功能、生活功能和产业功能等传统城市中的绝大部分功能。立体城市通过事前的总体规划和设计确保高层建筑的舒适性和便利性，并随着城市本身的自然发展，不断地“成长”。

立体城市倡导并探索城市与自然和谐共生的发展模式。提出一系列的设计建设设想：采用传统能源和新能源相互补充的能源结构；进行立体绿化，建设垂直农场；制定主体结构和基础设施的耐久性指标，确保建筑长寿化；采用预制化技术，即在立体城市主体结构施工的同时，生产预制配件，确保施工速度。

立体城市探索并创造舒适便利的新型生活模式。研究者估算出人们的各种需求，规划了各种商业和公共设施，如教育、养老、医疗、餐饮、购物、服务、休闲、运动等。立体城市根据其经济和资源条件，确立了核心产业和关联产业，为居民提供了本地就业的机会，且构建了立体城市经济发展的支柱。

立体城市规划了便捷的内、外部交通系统。内部建设是以步行系统和公共交通为主的新型城市交通模式；外部通过轨道交通与主城区和周围的大都市相连接，方便了人们进行城际间的沟通和交流。

★特别大奖

万通生态城新新家园

2010CIHAF中国绿色地产年度最佳实践特别大奖

华北地区首现中国绿色三星级住宅

2010年9月13日，中国住房和城乡建设部对外公布了获得绿色建筑标识项目的名单，万通地产旗下的绿色旗舰住宅项目——位于天津中新生态城的万通生态城新新家园获得了三星标识的认证。据了解，三星标识是目前我国建筑业最高水平的绿色认证，截至目前，全国住宅建筑获得三星标识认证的项目只有6个，而华北地区更是仅有万通生态城新新家园一个项目入围。

万通生态城新新家园获得中国住建部绿色三星标识认证，也标志着自2008年以来万通地产的绿色公司战略收获市场成功，形成了直接的产品竞争力。

绿色标杆建筑节能75%

哥本哈根气候会议之后，万通地产在业界率先宣布：未来5年万通地产预计开发总量为1000万m^2，将全部采用国家绿色建筑标准（原则上争取都达到国家绿色建筑三星标准），保守估计，这将实现减少碳排放量244.55万吨。

作为万通地产绿色产品的住宅标杆项目，万通生态城新新家园是万通地产新新家园品牌的升级产品，在执行中国《绿色建筑评价标准》的同时，还借鉴了美国LEED最新标准，同时根据项目自身特点和现代绿色技术发展趋势，采用有针对性的、成熟可靠的绿色技术，制定了相应的项目绿色设计策略。该项目设计上采用被动设计策略优先，主动技术优化的策略，具体可归纳为六个系统：合理的规划布局，舒适的户型系统，优良的外围护系统，安全耐久的结构系统，充分的利用可再生资源和高效的节能技术系统。

万通生态城新新家园在设计中整合应用了22项绿色建筑技术，实现了住宅建筑节能75%，太阳能热水占生活热水总供热量不低于60%，可再生能源使用大于10%，非传统水源利用率不低于20%的节能环保目标。

完备的绿色产品保障体系

市场观察人士指出，向来以战略导向和前瞻性著称的万通地产，在绿色建筑开发方面有两个显著的特点：

其一是战略导向下的绿色公司体系。2008年万通地产正式提出，把绿色公司战略作为公司的一项长期性、根本性的发展战略，从绿色公司价值观、绿色公司行为方式和绿色产品三个方面全面推进。在绿色公司战略的指导下，万通地产2008年推出了包括自我规范和保障中小投资者利益在内的“新股东文化”；发起成立了万通公益基金会，制度化地践行企业社会责任。2009年成立了万通龙山学校，明确了“守正出奇”的核心价值观，为万通地产的绿色产品开发业奠定了坚实的基础。

其二是形成了完备的绿色产品保障体系。2010年3月，万通地产通过股东大会决议，每年拿出销售额的0.5%，提取研发费用；同月，万通地产在行业内第一个学习时尚产品新品发布的形式，举办了万通绿色新产品发布会，并固化为每年春季的常规动作；2010年4月，万通地产与“LEED之父”——美国绿色建筑委员会（USGBC）签署战略合作协议，占据绿色建筑的国际高地；2010年6月，万通地产又全面启动绿色供应链，打通了绿色产品的“全身脉络”。

万通地产董事长冯仑说，万通地产不仅要做绿色地产，更要发展“深绿地产”。因为万通地产不仅是要超越房地产政策波动带来的不确定性和经济周期的影响，更要引领整个企业发展模式的转型，力争在未来的竞争中占据长久的优势。

光耀东方集团，是一家在全国范围内，以城市综合体开发为基础、投资并购重组为重点、商业运营管理为主线，整合城市商业地产链，进而形成开发、收购、管理的完整体系，推进中国商业地产专业化进程的大型企业集团。

“由三而一”的光耀东方集团，稳健起步于中国三线地市，进而进驻中国北方一线城市；带领“地产开发”、“商业管理”、“投资并购”三大专业精英团队，一心专注于城市综合体开发，逐渐摸索出“后定位再创造”的发展模式与城市规划先导模式，创新了中国地产的新价值，并在北京、上海、天津、山东、山西、河北等地实践着中国城市综合体的建设新路。

在商业模式特色上，时尚“店中店”已成为光耀东方各地商场自营部分的主流业态。

光耀东方集团，为保障集团公司始终处于行业战略发展的最前沿、确保在中国城市综合体开发领域的前瞻性和独创性，集团公司先后成立了光耀东方商业管理研究院、光耀东方城市综合体规划设计院，为集团公司的战略发展起到了重要的保障和先导性作用。

光耀东方集团，凭借卓越的商业地产运筹能力，将商业、地产与金融成功嫁接，为中国商业地产的进步与发展做出了巨大贡献，先后被授予“中国商业地产杰出贡献特别大奖”、“2009年度最佳城市贡献奖”、“2009年度最具品牌价值开发商”、“中国著名商业地产开发商”、“2010年度社会贡献企业大奖”、“年度最佳商业地产企业”、“中国最具影响力商业地产开发企业”等荣誉称号。

光耀东方的目标：商业地产要成为中国最著名的商业地产公司之一；商业管理要成为中国最具价值品牌之一；商业地产并购要成为中国前三甲品牌之一。

★特别大奖

光耀东方集团

2010CIHAF中国新城市商业动力缔造商

光耀东方
GUANGYAO DONGFANG

★特别大奖

绿城集团

2010CIHAF中国房地产保障性住房特别贡献大奖

绿城房地产集团有限公司（以下简称绿城），是国内知名的房地产企业之一，专注开发城市优质房产品系列，具有国家一级开发资质，总部设在浙江省杭州市。绿城注册成立于1995年1月6日，2006年7月13日，“绿城中国控股有限公司”在香港上市（股票代码：3900），绿城房地产集团有限公司为其全资子公司。

历经16年的发展，绿城已拥有90多家成员企业，3000多名员工，房地产开发足迹遍及浙江省内的杭州、宁波、温州、嘉兴、湖州、绍兴、金华、舟山、台州、丽水以及国内北京、上海、天津、合肥、长沙、济南、郑州、乌鲁木齐、南京、无锡、苏州、青岛、大连、海南陵水等40多个城市。至2010年9月底，公司土地储备总用地面积达2100多万m^2，规划总建筑面积达3600多万m^2。

绿城致力于高品质物业的开发，住宅产品类型不断丰富和完善，已形成多层公寓系列、高层公寓系列、别墅系列、平层官邸系列、大型社区系列、城市综合体系列，同时涉及高星级酒店、写字楼、学校等公建项目的开发。自2005年起，绿城积极参与城中村改造，承建安置房建设，至2010年9月底，绿城承建的安置房项目总建筑面积已超过250万m^2。

绿城定位“以商业模式运营的社会公益企业”，始终信奉“讲正义，走正道，得正果”的企业宗旨，秉承“真诚、善意、精致、完美”的核心价值观，以“为员工创造平台，为客户创造价值，为城市创造美丽，为社会创造财富”为企业使命，全面构建人文、历史、员工、工作、品质、服务、社会等价值体系，努力打造“中国最具完整价值的房地产公司”，致力于为社会创造文明、和谐、温馨、优雅的居住文化及人文环境，为城市和历史留下优秀的建筑作品。

建业住宅集团

根植中原　造福百姓

建业住宅集团（中国）有限公司成立于1992年5月22日，18年来始终专注于中原住宅产业开发，具有国家房地产开发一级资质，拥有员工800余名。2008年6月6日，集团在香港联交所成功上市，是中西部地区第一支赴港上市的房地产企业。

公司成立以来，紧紧贴近河南城市化进程的节奏，向可持续盈利的专业化品牌地产开发商快速发展。特别是在2002年被业界称为“建业模式”的建业省域化发展战略全面启动后，及至今天，建业已成功进入河南省的18个地级城市4个县级城市，用7年时间完成全省布局，并先后成功开发了金水花园、建业广场、建业城市花园、建业新天地·桂园、郑州建业森林半岛、郑州联盟新城及省内18个中心城市绿色家园系列、森林半岛系列等多个具有行业指向地位的高档商品住宅小区。目前，建业的年开发量突破200万m^2，年销售量逾100万m^2，

2008年总纳税额逾4.5亿元，2009年总纳税额逾4.4亿元，为河南各城市人居环境的改善、河南的城市化进程的推进做出了重要贡献。在省域化发展战略的推进中，建业逐渐具备了修改和制定新进入城市的资格与能力，在为城市打造城市名片的同时，与当地开发商共同提升城市建设水平，获得专家、政府、同行、客户、员工的认同。

2008年6月6日，建业成功登陆香港联交所主板，成为中国中西部地区首家赴港上市成功的内地房地产企业。在国家宏观调控实施紧缩政策、投资人普遍不看好地产板块的背景下，建业集团以独一无二的投资故事和稳健可信的路演团队，吸引了一批世界一流投资人的参与。目前，建业集团在“2009中国房地产百强企业名单”中位列第35位，并荣登2010年“稳健性TOP10企业”榜单。

建业集团始终认为，企业应该成为民族振兴的责任者、时代的建设者和民营经济的实践者，更冀望建业集团能够担负起区域振兴的使命。

未来，建业集团将在“根植中原，造福百姓”的企业核心价值观的指引下，为河南各城市人居环境的改善、河南的城市化进程的推进继续做出应有的贡献。

★特别大奖

建业住宅集团（中国）有限公司

2010CIHAF中原领军房地产企业特别大奖

★特别大奖

武汉王家墩商务区（武汉CBD）

2010CIHAF中国首席中央商务区年度贡献特别大奖

武汉王家墩商务区（武汉CBD）是武汉市“十一五”重点建设项目，它是以金融、保险、贸易、信息、咨询等产业为主，汇聚会展、零售、酒店、居住等功能的综合性城市中心区，作为武汉未来城市经济中心的承载地，将建成“立足华中，面向世界，服务全国”的华中现代服务业中心，与武昌“中国光谷”的高科技产业以及汉阳新技术开发区的现代制造业，共同构筑武汉经济腾飞的的经济“金三角”。

武汉CBD选址于原王家墩机场，规划用地7.41平方公里，建筑面积约1400万m^2，位于汉口城区的几何中心，地处内环线和二环线之间，东临青年路、常青路，南临建设大道，西临汉西路，北临发展大道，距天河机场21公里，距汉口火车站1.8公里，是城市快速干道、地铁轨道交通及机场高速路延伸段的结合点，能快速畅达武汉三镇，是进入武汉的门户和对外联络的窗口。

武汉CBD以国际著名咨询机构麦肯锡的战略定位、普华永道的财务策划和仲量联行开发策划为基础，聘请美国S0M、德国欧博迈亚、英国阿特金斯、澳大利亚DESIGNING&ANS等世界顶级设计机构参与规划专题研究和方案征集，形成“一心、两轴、四大功能分区”的独特布局。一心指CBD中心占地约1平方公里的商务核心区；两轴指“交通金十字”轴和“商务金十字”轴，它们共同构筑了商务区的繁荣与高效；四大功能分区指商务核心区、全生活城（启动区）、综合商业区、生活居住区。

目前武汉CBD正处于全面建设阶段，正在开发建设的项目有：

武汉中心：华中第一高楼，高438米，总建筑面积约35万m^2，定位于与中国中部现代服务业中心相匹配，集智能办公、全球会议中心、VIP酒店式公寓、白金五星级酒店、360度高空观景台、高端国际商业购物区等多功能为一体的地标性国际5A级商务综合体。

泛海城市广场：总建筑面积约55万m^2，作为CBD门户商业标杆，是集国际五星级酒店、5A甲级写字楼和超大型新生态购物中心、高尚服务式公寓和公共活动广场等组成的大型城市综合体。项目由美国绿色建筑设计先锋奖——LEED认证机构全程参与规划、设计。

泛海国际SOHO城：总建筑面积约65万m^2，作为开启SOHO新时代的城市标杆，泛海国际SOHO城的建设，拉开了武汉超级SOHO商务办公的序幕，改写武汉SOHO发展的历史，它以超一流的办公环境，国际级的智能设施，灵活的空间结构，构建武汉乃至中部地区与世界同步的SOHO群落。

泛海国际居住区：总建筑面积达220万m^2，作为城市经典人居的泛海国际居住区，包括樱海园、兰海园、香海园等项目，据守中央CBD溢金之地，充分依托自然环境与人文环境的地缘优势，以国际化、复合型城市开发模式，首创CBD国际文化生态社区；

此外，按照武汉市委市政府要求，武汉CBD市政基础设施建设正加快推进：

市政建设：比肩世界巅峰理念，秉承“一体化、模块化、系统化”的市政建设理念，供电、给水、排水、燃气、通讯等配套设施建设同步展开，武汉CBD先后完成第一条城市综合管沟的铺设，第一次实现强弱电线缆入地，成为中部地区第一个雨污分流的城市中心区，2011年，由25条道路组成的CBD主干路网全面建成。

地下空间：总量达260万m^2的地下空间系统，集地铁站、商业、交通、人防为一体，形成中心城区全新、多维的立体空间层次，共筑现代商务区的繁荣与高效。其中商务核心区地下规划94万m^2，分为地下停车、轨道交通、人防设施、地下公共车道、地下公共服务设施、地下辅助设施等六大主导功能，以地铁站点为发源地，形成规模庞大的地下商城。

面向未来的武汉CBD，在各个项目稳步有序开发的同时，将以全球视野放眼世界，以动感活力筑就内涵，必将释放出空前巨大的经济增长潜力，开创武汉问鼎世界巅峰的新纪元！

武汉CBD，构建城市新空间，提升城市新价值，创造城市新生活！

★特别大奖

中铁·子悦薹

2010CIHAF中国国际旅游岛·
世界级城市综合体年度贡献奖

中铁子悦薹项目是中铁置业在海南岛投资开发的第一个项目，是紧随国际旅游岛建设的国家战略而实践的项目。中铁子悦薹，位于三亚市政保留用地月川行政中心，紧邻城市主轴迎宾路，三亚河御城而至，世界级海滨风景区三亚湾近在咫尺，两大市政公园——金鸡岭生态公园、月川湿地公园共同氤氲新三亚中央生活大境。中铁置业将通过对子悦薹项目的精心打造，为国际旅游岛的建设贡献一座地标性的建筑综合体。同时，树立中铁置业良好的高端度假产品开发品牌形象。

“世界岛·三亚心”的传播语传递了我们对于项目的总体定位，简单来说就是我们将把子悦薹建设为“世界之岛，三亚之心”。中铁置业将对这块城市的文脉宝地（原市政府用地）投入巨资倾力打造，将子悦薹建设为三亚城市未来发展的产业中心、时尚生活中心、商业中心以及休闲度假活动中心，成为未来三亚城市发展的引擎。

中铁置业将通过核心产业植入、国际品牌商业引入、度假产品升级、完善度假服务体系等多方面的建设，为国际旅游岛建设带来一座让世界欣赏、让三亚自豪的国际性度假综合体，全面完善三亚的城市配套及度假配套服务体系。

作为世界双五百强企业中国中铁房地产旗舰的中铁置业，从获得这112亩综合开发地块之初，就极力整合集团各方面的优势资源，为国际旅游岛的建设，为新三亚的发展带来一些不同的，不一样的理念和想法。项目运作团队本着这一目标，综合研究分析了三亚投资度假类产品的市场情况，精心研究三亚度假人群的消费特点以及消费习惯，对于目前三亚度假产品中普遍存在的商业配套严重不足的现状进行了仔细的研究和分析，提出了建设“国内首个国际度假综合体”的项目发展定位，并围绕这一战略定位，从项目规划初就按照规划的七大度假生活服务体系来进行相应的产品定位、园林景观设计、精装设计、商业规划等工作。

在长达近一年的研究过程中，子悦薹聘请了国际顶级的度假、养身、园林、商业、建设、规划等方面的专家组成了专门的研究团队，完成了对于子悦薹国际度假综合体价值服务体系的构建，针对未来高端投资度假居住类的客户精心构建了子悦薹七大综合度假生活服务体系：

- 缤纷休闲娱乐服务体系
- 舒适度假空间功能体系
- 国际休闲商业配套服务体系
- 特色主题精品酒店服务体系

相关链接：

中国中铁置业集团系世界双500强中国中铁旗下从事房地产开发的全资子公司。

中国中铁是世界第二、亚洲第一的建筑领域巨头，是上海和香港“A+H”的上市公司，是16家以房地产开发为主业的央企之一。2009年世界企业500强中位列第242名、世界品牌500强中位列第252名。

中国中铁置业集团立志打造国内一流的房地产综合运营商。作为中国中铁房地产旗舰，中国中铁置业集团继承了中国中铁“铁军文化”，以信任和责任为企业文化核心，依托中国中铁的强大实力支持，成为快速发展的全国性的城市运营商。目前北京、上海、深圳、成都、西安、沈阳、青岛等十余个城市同步开发项目近二十个。

- 生态商务办公服务体系
- 便捷度假公共服务体系
- 尊享资产管理服务体系

中铁子悦薹——三亚CBD首席20万m^2世界封面建筑群、国际级复合度假枢纽，是中国中铁首度进驻国际旅游岛的实力钜作。项目规划有退台式臻品洋房，全板式高层住宅，超星级酒店式公寓，休闲商业热带风情廊，三亚第一座3万m^2中央甲级写字楼等多种产品业态。在产品开发上，子悦薹团队充分借鉴了国内外多个豪宅项目产品的规划设计理念，并充分考虑了三亚特色的度假生活习惯，在产品的设计上合理增大了户外活动的空间，并专门研究设计了超大的室外景观泡池，将度假生活所追求的户外感和轻松感与居住生活的舒适感、品质感和便利性有机结合起来，从项目的外立面设计、户型尺度把握，以及对精装风格的协调性、配套设施的建设等多方面来全面提升子悦薹的产品品质。

另外，在商业物业开发方面，子悦薹委托国际知名的商业顾问公司精心规划了高端的会所式商业，并将引入“云鼎俱乐部”、国际红酒庄、游舰俱乐部以及豪车展示中心等业态。为了给予入驻国际商业品牌良好的商业发展环境，中铁置业前期将针对部分国际知名商业品牌提供优惠的商业合作条件，使其能够获得良好的发展空间。相信通过子悦薹成熟的商业运作，必将为三亚高端休闲度假人群提供一个国际化的商业休闲活动场所，全面提升三亚的商业环境。

在产品体系构建上，中铁置业团队不仅考虑了对度假产品功能使用上的优化，而且还对软性服务体系进行了综合的研究，子悦薹将引入中铁第一太平为将来入驻的高端度假居住人群提供完善的、全面的度假生活服务，并结合三亚的住宅特点为未来客户人群提供全面的个人资产管理服务。

目前子悦薹的产品在2010年中国住博会上获得了“2010中国住宅功能设计创新大奖”，也体现了业界对于子悦薹项目产品的认可。

——塑造世界级度假生活典范空间，汇聚世界岛中央生活之大成！

首府

city center
leader mansion

城奢经典基业大宅

Ⅱ

鲁商·首府项目位于香港中路与燕儿岛路交汇处——燕儿岛路7号，由青岛鲁商置业有限公司开发。项目总开发面积约40万m^2，分两期开发，以汕头路为分界线，汕头路以西区域为一期工程；汕头路以东区域为二期工程。

"鲁商·首府"，作为城市核心综合体——鲁商中心五大业态之高端近海华宅，120-260m^2舒适空间，奢适生活，完美演绎。

"鲁商·首府"在规划设计中充分利用地理优势，楼宇布置错落有致，可最大限度地观看海景及中央园林景观，将着力打造岛城最高端的花园式住宅，一期中央景观30000m^2，内设岛城面积首屈一指的主题会所，会所内设有24小时恒温游泳池、壁球馆、瑜伽馆、台球室、SPA等设施。

目前项目一期近400套房源已基本售完，开盘3小时销售金额逾14亿元，创下青岛楼市前所未有的高度。项目二期销售在即，鲁商·首府二期，市中心唯一围合式园林纯板大宅，无论居住还是投资，鲁商·首府二期，可以说既是一个家族世代传承的根基也是增值保值的巨大财富载体。

★特别大奖

鲁商·首府

2010CIHAF中国滨海城市花园住宅典范大奖

碧桂园，给您一个五星级的家

碧桂园成立于1992年，现已成为国内著名的综合性房地产开发企业，是中国房地产业内最早的两家驰名商标之一。

公司以房地产为主营业务，属下机构涉及房地产开发的各个环节，并涵盖建筑、装修、物业发展、物业管理、酒店开发及管理等多个行业。

2007年4月，碧桂园在香港联交所主板挂牌上市，是一家既遵守国内法令法规、也接受海外上市机构规范监管和法律约束的香港上市公司。

十八年来，碧桂园矢志耕耘于房地产业，开创出独具特色与核心竞争力的碧桂园开发模式。碧桂园项目选址多位于城市发展潜力区，实行设计、建筑、物业等一体化开发模式，力求降低成本；高品质产品、优质园林环境、完善配套、国家一级资质物业服务等因素构成的碧桂园家园模式为各区域市场提供了大量物超所值的高品质人居产品。

迄今，碧桂园已在全国开发逾80个高品质项目，服务于25万业主；“碧桂园，给您一个五星级的家”享誉国内。

做有良心、有社会责任感的阳光企业

碧桂园以“希望社会因我们的存在而变得更加美好”及“做有良心、有社会责任感的阳光企业”为企业文化核心理念，努力追求自我超越与完善，以实际行动为中国房地产业的可持续发展做出了诸多有益探索。

碧桂园一直把企业的发展归功于改革开放的阳光机遇和社会各界佑助，依法诚信纳税是碧桂园贡献社会的重要方式之一，也是企业历来谨遵的一项基本原则，近年来，碧桂园旗下项目分别荣列各地税务局公布的纳税排行榜前列，并不断荣获“A级纳税人”、“纳税大户”等荣誉称号。2005、2006年，蝉联中国私营企业纳税第一名；2007年，碧桂园纳税额超26亿元，位列国家税务总局公布的“中国企业集团纳税五百强排行榜” 第96位； 2007年至2009年碧桂园三年纳税总额近百亿元人民币。

此外，碧桂园及其创始人一直热心于社会公益事业，近年于教育、医疗、扶贫、赈灾等公益事业的捐款超13亿元。

2010年：提升品质 合理定价 广受青睐

2010年，碧桂园继续坚持合理定价契合国家政策方向，持续发挥卓越的项目执行力及快速资产周转的运作模式，以物超所值的品质产品，满足区域市场刚性需求。

截至2010年11月30日，碧桂园共实现销售认购金额约327亿元；其中已签约合同销售金额约304亿元，合同销售面积约560m^2，待签约金额约23亿元。2010年首十一个月的合同销售金额和面积同比分别增长约57%及35%。至此，碧桂园已提前超额完成2010年全年300亿元合同销售金额目标。截至2010年11月底，碧桂园将在全国范围内推出13个全新项目，深受市场喜爱。虎年新春，碧桂园・豪园(广州)开盘，全年热销超15亿元；7月，天津碧桂园开盘当天产品基本售罄，当月销售认购额超10亿元；11月，东莞大朗碧桂园开盘，至今销售认购额约10亿元；此外，碧桂园・温泉城(咸宁)、江海碧桂园、北流碧桂园、云浮碧桂园、碧桂园・山水桃园

（佛山）等新开盘项目均取得了理想的业绩。

2010年，碧桂园在提升项目的品质上亦投入大量精力，从园林、配套、服务、产品等方面全方位提升。与国际知名园林景观设计公司进行合作、签约国际一流酒店管理集团、社区率先引进国际商超、丰富社区教育配套等，全面提升社区生活品质。

通过长期锐意进取、积极创新，碧桂园品牌获得社会、业界及广大业主充分认可：

- 2010中国房地产开发企业综合实力第一
- 2010CIHAF中国房地产行业责任品牌特别大奖、中国房地产企业品牌价值标杆
- 2009CIHAF中国新型社区建设功勋企业
- 2009、2010年公务员最喜爱的房地产类品牌
- 蝉联四届（2007-2010）中国蓝筹地产企业
- 蝉联五届（2006-2010）中国房地产百优
- 蝉联九届广东地产资信20强
- 蝉联2008、2009年度中国房地产上市公司综合实力排行榜前十
- 蝉联2008、2009年度“社会贡献企业大奖”及“行业贡献大奖”
- 2009年度中国十大地产领袖品牌
- 2009年度中国地产经典开发模式
- 全国住户满意度示范社区

★特别大奖

碧桂园集团

2010CIHAF中国房地产行业责任品牌特别大奖

孙淑珍 乌鲁木齐房地产开发（集团）有限公司董事长

孙淑珍，女，1956年8月出生，山东聊城人，1976年1月参加工作，1987年7月加入中国共产党，经济管理硕士学历，高级经济师，工程师，现任乌鲁木齐房地产开发（集团）有限公司党委书记、董事长，乌鲁木齐市人大代表。

2006年6月前，孙淑珍同志在乌鲁木齐市建委担任副主任一职，分管企业改制及热力、燃气行业等管理工作。在此期间，完善了乌鲁木齐城市热力规划编修工作，该规划已于2006年8月通过国家有关部门评审。她个人也先后荣获2003年城市建设管理突出贡献奖，2004年自治区人民政府天山杯先进个人。

作为国有企业的第一责任人，她兢兢业业工作，勤勤恳恳办事，正确使用人民赋予的权力，克己奉公，被干部员工称为“我们的领头人”，各族群众亲切地称其为“我们的贴心人”。凭着对党的事业的强烈责任感，凭着一腔矢志不渝的信念和热情，把对党的事业的忠诚，对本职工作的热爱，对各族群众工作的爱心，全部默默熔铸于自己从事的“为政府分忧、为百姓解难”的房地产开发建设和房屋租赁管理事业中。她用自己的实际行动影响和带领干部员工坚持企业科学发展，以出色的业绩赢得了各级组织、各族群众和干部员工的认可，先后多次获得优秀共产党员、城市建设突出贡献奖、自治区“城市建设管理”先进个人等诸多荣誉。2006年就任集团公司董事长后，连续获得市级优秀党务工作者、“2008年中国房地产百杰”、“中国住交会新疆区风云人物”、“2009年中国房地产十大新领军人物”、“2010年中国房地产行业突出贡献奖”称号。在2010年中国住房交易会上，乌鲁木齐房地产集团被评为全国房地产行业“名企”。在自治区2010年11月23日召开的第六次民族团结进步表彰会上，孙淑珍同志被表彰为民族团结进步模范个人。

乌鲁木齐房产集团
URUMQI REAL ESTATE GROUP

★特别大奖

孙淑珍

2010CIHAF房地产杰出贡献大奖

一、锐意改革创佳绩

孙淑珍同志始终坚持把党的路线、方针、政策的学习贯彻放在首要位置，注重在实践中着力提高自身综合能力，带领干部员工全面建设企业。她常说："国有企业承担的经济责任、政治责任和社会责任要求我们必须解放思想，加快发展"。在集团公司成立后的四年多时间，孙淑珍同志带领大家从建章立制抓起，围绕企业加快发展尽心竭力的工作，她几乎取消了双休日和节假日，每天工作十多个小时，和集团公司领导、相关业务部门一起，跑遍了乌昌地区的角角落落。按照市委、市政府有关政策精神，积极承担社会责任，建立了以廉租房、经济适用房建设为主体，适度开发商务房产，建设一定规模的经济租赁房，并积极参与适用房及"棚户区"改造建设的企业发展格局。

在房地产集团2010年度工作总结暨2011年工作动员大会上，孙淑珍向全体员工公布了令人振奋的几组数据：2011年集团公房租金收入达到5351万元，与集团成立之前每年1500万元水平相比增加了3800万元；房地产开发房屋面积从零突破开始，大幅增长，截至2010年12月，累计开发面积近170m^2，投资约50余亿元，基本形成了廉租房、经济适用房、商品房开发"三位一体"的发展格局。集团自2008年减亏为盈后持续盈利，2010年全年实现利润1227.69万元，较2005年增长了3346.14万元；2010年集团公司上交税金1772.54万元，较2005年的422.4万元相比增幅达320%，企业对社会发展的贡献力不断增强。

BSG 百商
BSG
百 商
SAMSUNG
Canon
JVC
BORBONESE
STUDIO
STUDIO
MAX
MAX
FREE!
LAS VEGAS
SPORTS

二、强化质量铸品牌

作为企业的领头人，孙淑珍同志深知质量、品牌对集团公司改革发展的分量。自2008年以来她带领企业，在集团公司范围内先后开展了“制度落实年”、“规范管理年”、“质量建设年”活动，坚持把质量建设始终贯穿于企业各项工作之中，有力地促进了以房地产开发、房屋租赁管理为中心的各项任务的顺利完成。

在集团公司改革发展的进程中，孙淑珍同志倡导提出了加强房地产开发产品质量建设、公有住房服务质量建设，创造知名品牌的发展目标。经过大家的不懈努力，集团公司房地产开发面积从零的突破开始，连年大幅增长，截至2010年12月31日房产开发达到170m^2。在2008年、2009 年召开的全国住房交易会上，集团开发建设的“豪姆兰德”商品房住宅小区、“晟和苑”东八家户公务员集资楼项目先后被评选为中国房地产名盘；在新疆地区知名优秀楼盘评选活动中，集团开发建设的“阳光雅润苑”等小区榜上有名。集团已经在竞争异常激烈的新疆房地产市场中站稳了脚跟，展现出了开拓创新、稳步发展，积极履行经济、政治、社会职责的国企风采。在2010年12月10－12日召开的中国住交会上，集团公司被评为全国房地产行业“名企”，集团开发的“西城康居苑”、“阳光之尚”评为“ 名盘”，董事长孙淑珍被授予“2010年度全国房地产行业杰出贡献奖”。

三、情系百姓服好务

孙淑珍同志经常说：集团公司作为国有企业，要“三责并重”。把承担经济责任、政治责任、社会责任集于一身。企业要在承担责任中发展，在发展中更好地履行责任，企业的改革深化、壮大发展最终都要体现在维护各族群众利益、让老百姓放心上。

为了不断提高公房管理的服务质量，她在以服务民生为己任，将供暖、物业、建安、拆迁、咨询等业务推向市场的基础上，提出了“廉洁从业，热情服务，让百姓放心”的质量理念和服务标准。为了确保公房住户的住房安全和使用维修需求，做好为各族群众服务的工作。每逢重大节日，季节转换、天气变化时，孙淑珍同志都会带领相关业务部门深入到公房小区检查房屋安全状况，逐项做好为住户服务的各项工作。集团公司成立四年多来，企业投入到直管公房维修上的经费3000余万元以上，1.5万户群众居住的直管公房没有发生一起住房不安全的现象，也没有发生一起因住房问题引起的不稳定问题。

孙淑珍同志参加工作30多年，作为一名党员妇女领导干部，在长期的为各族群众热情服务的过程中践行了自己“情系民生，关注民生，服务民生”的诺言，她就是这样一个为企业改革发展添砖加瓦、一心为公、全心全意为人民服务的党员领导干部，她把心中所有的温情都化作无数份爱心奉献给各族住户群众和集团各族干部员工，在把全部的心血都浇灌在集团公司经济发展事业的沃土上，用自己心中对党的忠诚、对家园的热爱铸就了事业的辉煌。

51 家主流权威媒体
执掌中国地产话语权

51 MAINSTREAM AUTHORITATIVE MEDIAS RULE CHINA REAL ESTATE DISCOURSE POWER

主流媒体联盟的强音

CIHAF中国房地产主流媒体联盟诞生于2001年，是中国房地产业与传媒业在新的历史条件下催生的产物。加入联盟的媒体必须是中国主要城市的主流媒体，具有很强的权威性和影响力，能够充分反映公众的声音。联盟中的每家媒体都代表着当地新闻资讯、品牌活动、资源整合、经营活动等各方面最强实力的媒体盟员。CIHAF中国房地产主流媒体联盟成立以来，使各地的优秀地产开发经验得到了很好的传播和推广，已经成为中国房地产行业沟通和交流的上佳平台。媒体联盟不仅在“三名”评选中担负推介和初选工作，更重要的是以一种负责任、大局观的力量，发出了中国房地产界的媒体最强音，并且不断推动着房地产业快速、健康发展。

生活報
城市晚報
大連日報
辽沈晚报
张家口日报
北方新报
新京报
每日新报
银川晚报
燕赵晚報
齐鲁晚报
西宁晚报
鑫報
山西日报
青岛日报
華商報
大河报
常州日报
苏州日報
洛陽日报
开封日报
扬子晚报
新闻晨报
新安晚报
杭州日報
寧波日報
楚天都市报
四川日報
天天商报
重慶商報 ECONOMIC TIMES
潇湘晨报
温州都市报
江南都市報
嘉興日報
中山日報
福州晚報
贵阳日报
佛山日報
厦門日報
南方都市報
云南信息报
桂林日报
深圳特區報
汕頭都市報
南寧晚報
珠海特区报
香港商報
海南日報

图书在版编目（CIP）数据

光荣与梦想 / CIHAF中国房地产主流媒体联盟，CIHAF中国房交会组委会编.
—广州：南方日报出版社，2011.8
ISBN 978-7-5491-0235-8

Ⅰ. ①光… Ⅱ. ①C… ②C… Ⅲ. ①建筑设计–中国–现代–图集 Ⅳ. ①TU206

中国版本图书馆CIP数据核字(2011)第141942号

光荣与梦想 CIHAF中国房地产主流媒体联盟 CIHAF中国房交会组委会 编

出版发行： 南方日报出版社
地　　址： 广州市广州大道中289号
电　　话： （020）83000502
经　　销： 全国新华书店
印　　刷： 广州市岭美彩印有限公司
开　　本： 889mm × 1194mm 1/16
印　　张： 18
字　　数： 80千字
版　　次： 2011年8月第1版
印　　次： 2011年8月第1次印刷
定　　价： 380.00元

投稿热线：（020）83000503 读者热线：（020）83000502
网址：http://nf.nfdaily.cn/press/
发现印装质量问题，影响阅读，请与承印厂联系调换。